"十三五"江苏省高等学校重点教材（编号：2019-2-264）
人力资源和社会保障部规划教材
教育部现代学徒制配套教材
岗课赛证融通教材

装配式构件生产

主　编　孙　武
副主编　曹洪吉　郭　扬

南京大学出版社

图书在版编目(CIP)数据

装配式构件生产/孙武主编. —南京：南京大学出版社，2021.6

ISBN 978-7-305-22979-4

Ⅰ. ①装… Ⅱ. ①孙… Ⅲ. ①装配式构件—高等职业教育—教材 Ⅳ. ①TU3

中国版本图书馆 CIP 数据核字(2020)第 126682 号

出版发行 南京大学出版社
社　　址 南京市汉口路 22 号　　邮　　编 210093
出 版 人 金鑫荣

书　　名 装配式构件生产
主　　编 孙 武
责任编辑 朱彦霖　　编辑热线 025-83597482

照　　排 南京开卷文化传媒有限公司
印　　刷 南京人民印刷厂有限责任公司
开　　本 787 mm×1092 mm 1/16 印张 12.25 字数 308 千
版　　次 2021 年 6 月第 1 版 2021 年 6 月第 1 次印刷
ISBN 978-7-305-22979-4

定　　价 42.00 元
网　　址：http://www.njupco.com
官方微博：http://weibo.com/njupco
微信服务号：njuyuexue
销售咨询热线：(025)83594756

前　言

随着建筑业的转型升级，国务院《关于大力发展装配式建筑的指导意见》（国办发〔2016〕71号）、国务院《关于促进建筑业持续健康发展的意见》（国办发〔2017〕19号）、住房和城乡建设部《"十三五"装配式建筑行动方案》（建科〔2017〕77号）、《关于推动智能建造与建筑工业化协同发展的指导意见》（建市〔2020〕60号）等政策和文件的发布，为装配式建筑的健康稳定发展指明了方向，要求大力发展装配式建筑。为适应装配式建筑技术人才培养需求，遵循高职教育规律，本书编写组深入企业一线，结合企业技术特点和装配式建筑发展趋势，对接装配式构件生产岗位标准，以工作内容为教学项目，实现生产过程与教学过程相统一。

本教材在工学结合思想指导下，基于对装配式构件生产工作过程的分析，并以《装配式混凝土结构技术规程》（JGJ 1—2014）、《钢筋混凝土叠合板（60 mm厚底板）》（15G366－1）、《混凝土剪力墙外墙板》（15G365－1）等装配式建筑相关规范、图集为主要编写依据，以任务驱动教学方法的思路进行编写。从内容结构上，按照"接收生产任务—进行生产准备—完成构件生产"顺序编排内容，不仅依据工作过程，也依据了认知发展规律和职业成长规律，使学习者在一个学习任务中，通过相互联系比较紧密的专业基础知识、操作技能、组织操作技能的学习比较，理解和掌握学习内容。应用现场装配式构件的实际生产照片图示装配式构件生产工艺，知识点的讲解通俗易懂、便于理解和掌握。

本书由江苏建筑职业技术学院孙武任主编，曹洪吉、郭扬任副主编，具体编写分工如下：江苏建筑职业技术学院孙武、曹洪吉、郭扬、郭东芹编写绪论、项目一、项目二，龙信建设集团有限公司陈祖新、龚咏晖、中建八局第三建设有限公司上海公司冯辉参与编写项目一、二、三，并提供技术指导，全书由江苏建筑职业技术学院孙武统稿。

本书受江苏高校"青蓝工程"资助，在编写过程中参考和借鉴了大量的资料和有关专家的成果，同时，泰州职业技术学院陈鹏、徐州工润科技有限公司刘望提供了部分资料，在此一并向原作者表示感谢！由于编者水平有限，对书中的疏漏和不完善之处，恳请同行、专家和读者提出宝贵意见。

目　录

绪　　论

◆ 知识目标

（1）了解装配式建筑基本概念；
（2）掌握装配式混凝土结构建筑技术体系；
（3）掌握装配式混凝土建筑常用预制构件种类；
（4）了解装配式混凝土构件生产工艺；
（5）了解装配式混凝土构件生产设备。

◆ 能力目标

（1）能够判断装配式混凝土结构类型；
（2）能够区分装配式混凝土建筑常用预制构件种类；
（3）能够根据装配式混凝土结构类型选配预制构件种类。

装配式混凝土结构(Precast Concrete Structure)是由预制混凝土构件通过可靠的连接方式装配而成的混凝土结构,包括装配整体式混凝土结构、全装配混凝土结构等。在建筑工程中,简称装配式建筑,在结构工程中,简称装配式结构。

装配整体式混凝土结构(Monolithic Precast Concrete Structure)是由预制混凝土构件通过可靠的方式进行连接并与现场后浇混凝土、水泥基灌浆料形成整体的装配式混凝土结构。简称装配整体式结构。

0.1　装配式混凝土结构建筑技术体系

对国内装配式混凝土建筑的技术类型进行梳理,目前的装配式混凝土建筑体系主要包括:装配整体式框架结构体系、装配整体式剪力墙结构、预制叠合剪力墙结构体系、装配整体式框架-现浇剪力墙结构体系等。

表 0-1-1　各类装配式混凝土结构体系组成预制情况

名　　称	梁、柱	剪力墙	楼板	外墙板	阳台楼梯
装配整体式框架结构	预制(柱、叠合梁)		叠合楼板	预制	预制
装配整体式剪力墙结构		预制	叠合楼板	预制	预制
预制叠合剪力墙结构		叠合预制	叠合楼板	预制	预制
装配整体式框架-现浇剪力墙结构	预制(柱、叠合梁)	现浇	叠合楼板	预制	预制

《装配式混凝土结构技术规程》(JGJ 1—2014)规定装配整体式结构房屋最大适用高度：

表 0-1-2　装配整体式结构房屋最大适用高度(m)

结构类型	非抗震设计	抗震设防烈度			
		6 度	7 度	8 度(0.2 g)	8 度(0.3 g)
装配整体式框架结构	70	60	50	40	30
装配整体式框架 现浇剪力墙结构	150	130	120	100	80
装配整体式剪力墙结构	140(130)	130(120)	110(100)	90(80)	70(60)
装配整体式部分框支剪力墙结构	120(110)	110(100)	90(80)	70(60)	40(30)

注：房屋高度指室外地面到主要屋面的高度，不包括局部突出屋面的部分。

0.1.1　装配整体式混凝土框架结构

框架结构是指由梁和柱构成承重体系的结构，即由梁和柱组成框架共同抵抗使用过程中出现的水平荷载和竖向荷载，结构中的墙体不承重，仅起到维护和分割作用。如整幢房屋均采用这种结构形式，则称为框架结构体系或框架结构房屋。框架的主要传力构件有板、梁、柱。全部或部分框架梁、柱采用预制构件构建成的装配整体式混凝土结构，称作装配整体式混凝土框架结构(Monolithic Precast Concrete Frame Structure)，简称装配整体式框架结构。

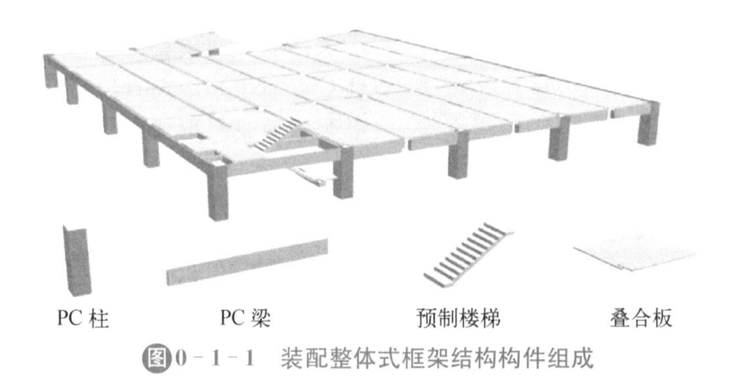

图 0-1-1　装配整体式框架结构构件组成

装配整体式框架结构的优点是：建筑平面布置灵活，用户可以根据需求对内部空间进行调整；结构自重较轻，多高层建筑多采用这种结构形式；计算理论比较成熟；构件比较容易实现模数化与标准化；可以根据具体情况确定预制方案，方便得到较高的预制率；单个构件重量较小，吊装方便，对现场起重设备的起重量要求低。

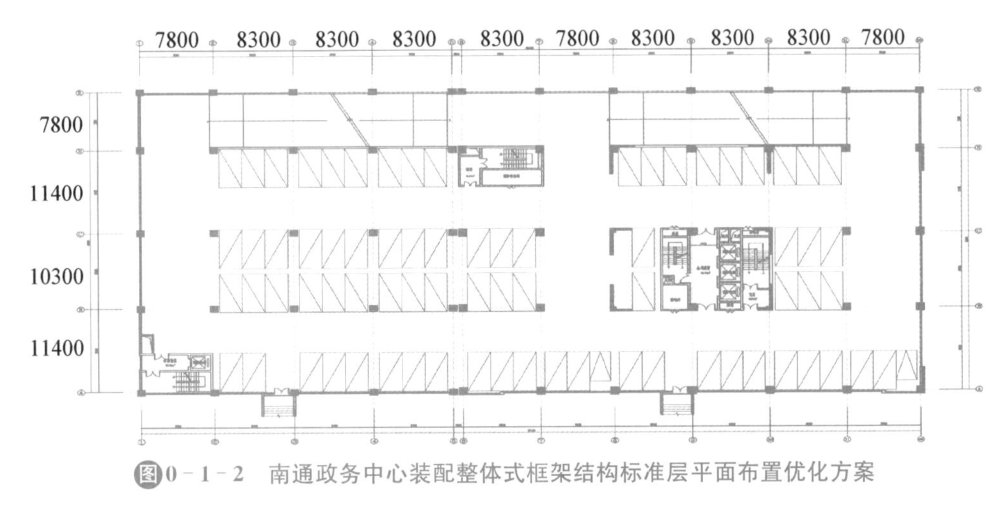

图0-1-2 南通政务中心装配整体式框架结构标准层平面布置优化方案

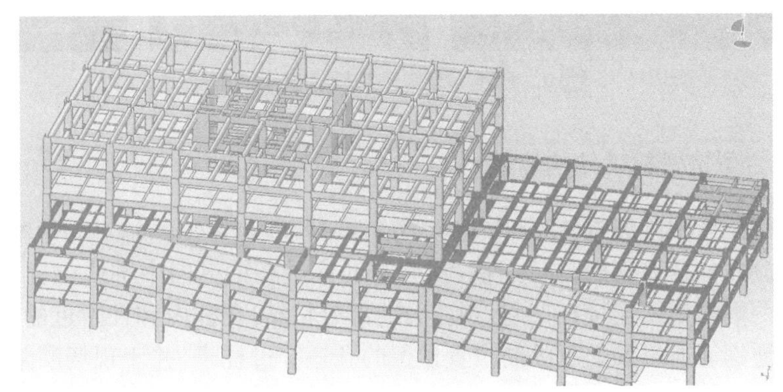

图0-1-3 南通政务中心装配整体式框架结构结构模型

1. 世构体系

世构体系(Scope)技术是从法国引进的一种预制预应力混凝土装配整体式框架结构体系,其预制构件包括预制混凝土柱、预制预应力混凝土叠合梁、板,属于采用了整浇节点的一次受力叠合框架。是采用预制钢筋混凝土柱,预制预应力混凝土叠合梁、板,通过钢筋混凝土后浇部分将梁、板、柱及节点连成整体的新型框架结构体系。

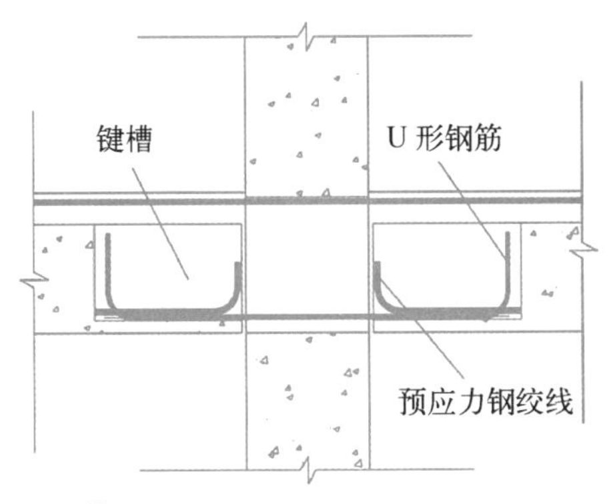

图0-1-4 世构体系节点示意图

图0-1-5 梁端槽口

它的节点由键槽、U 形钢筋和现浇混凝土三部分组成，其中的 U 形钢筋主要起到连接节点两端，并且改变了传统的将梁的纵向钢筋在节点区锚固的方式，改为与预制梁端的预应力钢筋在键槽（即梁端）的塑性铰区实现搭接连接。

图0－1－6　世构体系施工节点模型

2. 预制混合型抗弯框架结构体系

预制混合型抗弯框架结构体系（Precast Hybrid Moment Resistant Frame System）采用高强度的后张预应力和普通钢筋进行连接，预应力筋穿过在梁纵向中轴线位置预留好的预应力筋孔道将柱两侧的横梁连接在一起，预应力筋部分粘结，在柱内和柱附近的梁内为无粘结或全无粘结普通钢筋通过梁上下纵筋位置预留的孔道穿过柱子，并于现场灌浆，为了使得普通钢筋不过早屈服，也可以在部分区段采用无粘结方式。

在地震作用下，柱子产生侧移，梁中的普通钢筋就可伸长以吸收大部分的能量，而预应力筋则可将柱和梁拉回原来的位置。

3. 中南 NPC 体系

中南 NPC 体系是在工厂里预制钢筋混凝土柱、梁、板等，再运输到施工现场后，结合工厂里预埋件、预留钢筋插孔等，现场灌浆，将梁、板、柱等连成整体，形成整体结构体系，实现 90％工厂化施工，10％现场安装，让生产模块化、加工工厂化。

0.1.2　装配整体式混凝土剪力墙结构

高度较大的建筑物如采用框架结构，需采用较大的柱截面尺寸，通常会影响房屋的使用功能。用钢筋混凝土墙代替框架，主要承受水平荷载。墙体受剪和受弯，称为剪力墙。如整幢房屋的竖向承重结构全部由剪力墙组成，则称为剪力墙结构。全部或部分剪力墙采用预制墙板构建成的装配整体式混凝土结构，称作装配整体式混凝土剪力墙结构（Monolithic Precast Concrete Shear Wall），简称装配整体式剪力墙结构。

抗震设计时，为保证剪力墙底部出现塑性铰后具有足够大的延性，对可能出现塑性铰的部位加强抗震措施，包括提高其抗剪切破坏的能力，设置约束边缘构件等，该加强部位称为“底部加强部位”。为保证装配整体式剪力墙结构的抗震性能，通常在底部加强部位采用现

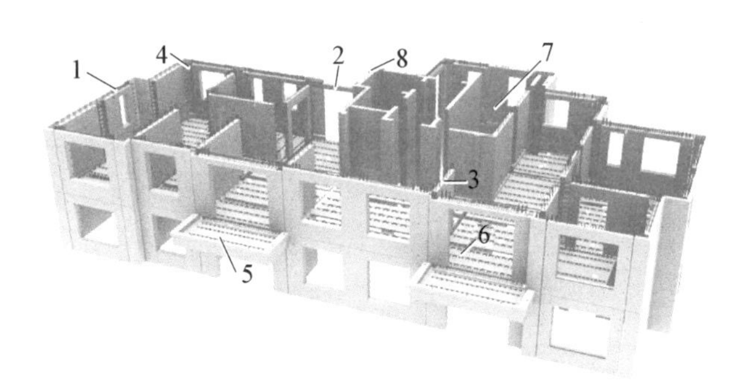

图0-1-7　装配整体式剪力墙结构结构模型

1. 外墙-预制(三明治夹心保温)　2. 连梁-预制梁　3. 内墙-预制　4. 暗柱节点-现浇
5. 阳台-预制　6. 楼层板-叠合板　7. 楼梯-预制　8. 外墙阳角-预制 PCF 板

浇结构,在加强区以上部位采用装配整体式结构。

装配整体式剪力墙结构房屋的楼板直接支承在墙上,房间墙面及天花板平整,层高较小,特别适用于住宅、宾馆等建筑。剪力墙的水平承载力和侧向刚度均很大,侧向变形较小。另外,剪力墙作为主要的竖向及水平受力构件,在对剪力墙板进行预制时,可以得到较高的预制率。

装配整体式剪力墙结构的缺点是结构自重较大,建筑平面布置局限性大,较难获得大的建筑空间。另外,由于单块预制剪力墙板的重量通常较大,吊装时对塔吊的起重能力要求较高。

国内常见装配整体式剪力墙结构体系的主要区别在于预制剪力墙构件水平接缝处竖向钢筋的连接技术以及水平接缝构造形式,可分为以下几种:

1. 套筒灌浆连接技术

钢筋的套筒灌浆连接广泛用于结构中纵向钢筋的连接,在保证施工质量的前提下性能可靠。当套筒灌浆连接技术应用于剪力墙竖向钢筋连接时,就形成了钢筋套筒灌浆连接的装配整体式剪力墙结构体系。

在预制墙体时,要求套筒的定位必须精准,浇注混凝土前须对套筒所有的开口部位进行封堵,以防在套筒灌浆前有混凝土进入内部影响灌浆和钢筋的连接效果。由于套筒直径大于钢筋直径,施工时要保障套筒及其箍筋的混凝土保护层厚度,因此被连接的钢筋与采用搭接连接的钢筋不在同一平面。另外,套筒处如设计中需要设置箍筋,不能因为套筒较粗导致施工不便而省去箍筋,套筒连接处通常位于剪力墙的根部,箍筋存在的意义重大。同时计算箍筋用料时要考虑其长度大于其他部位箍筋下料长度。

套筒灌浆连接技术保障了装配整体式剪力墙结构的可靠性,但由于其对构件生产要求精度高、施工工序较为繁琐,且由于剪力墙内竖向钢筋数量大,逐根连接时仍会存在成本较高,生产、施工难度较高等问题。因此《装配式混凝土结构技术规程》(JGJ 1—2014)规定:当剪力墙采用套筒灌浆连接时,剪力墙边缘构件中纵筋应逐根连接,竖向分布钢筋可以采用间隔连接的形式,间隔连接时,连接的钢筋仍可用于计算水平剪力和配筋率,未连接钢筋不得计入。

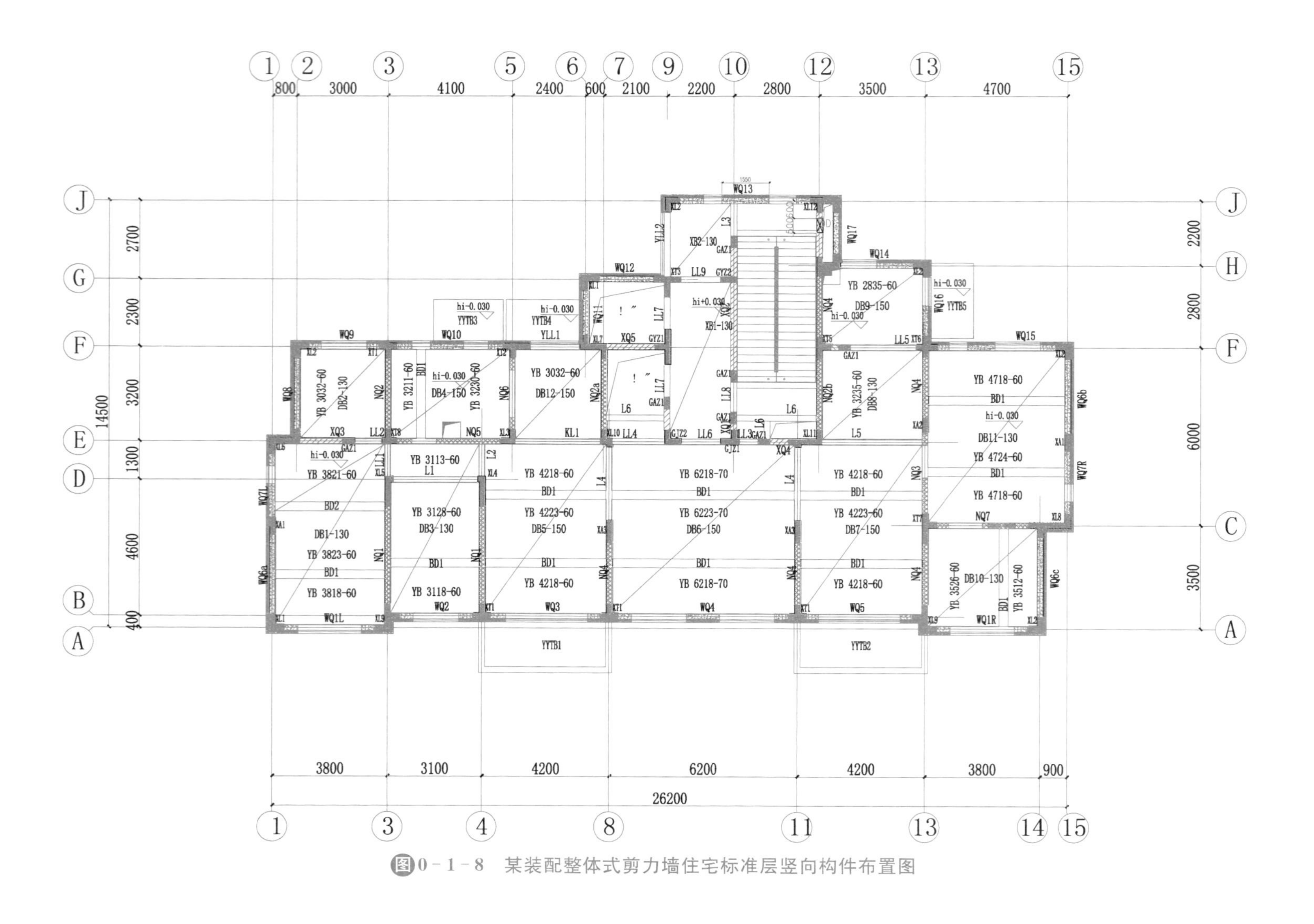

图0－1－8　某装配整体式剪力墙住宅标准层竖向构件布置图

图0-1-9 套筒灌浆连接剪力墙(钢筋间隔连接)

2. 约束浆锚搭接连接技术

螺旋箍筋约束的钢筋浆锚搭接连接是拥有我国自主知识产权的钢筋连接技术,可以应用于预制装配式剪力墙的竖向钢筋连接。其工艺流程为:在预制构件底部预埋足够长度的带螺纹的套管,预埋钢筋和套管共同置于螺旋箍筋内,浇筑混凝土剪力墙后待混凝土开始硬化时拔出预埋套管;预制构件运输、就位后将待连接钢筋插入预留孔洞后由灌浆孔处注入灌浆料,完成钢筋的间接连接。

预留孔洞内壁表面为波纹状或螺旋状界面,以增强灌浆料和预制混凝土的界面粘接性能。沿孔洞长度方向布置的螺旋箍筋能够有效约束灌浆料与被连接钢筋。与套筒灌浆连接技术区别在于,预埋套筒不等同于套筒,其作用是为形成孔洞的模板,起到套筒约束作用的是螺旋箍筋,套筒需要在预制墙的混凝土完全硬化前及时取出。

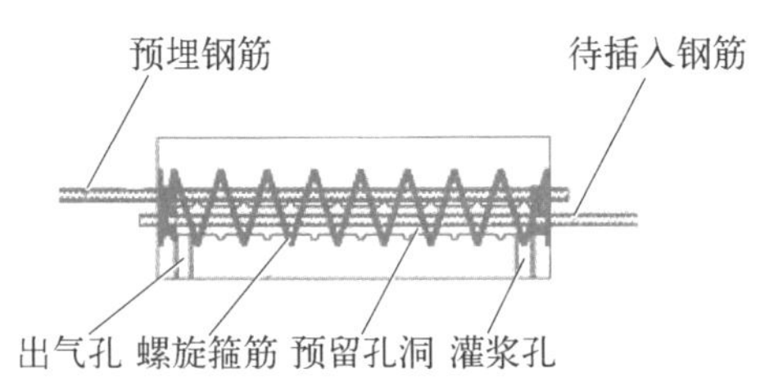

图0-1-10 约束浆锚连接示意图

应用约束浆锚搭接连接技术的装配整体式剪力墙结构即称为钢筋约束浆锚搭接连接剪力墙结构体系,其主要施工流程与套筒灌浆连接装配整体式剪力墙相同,包括工厂预制、现场就位后临时支撑、封堵、灌浆完成连接。

3. 波纹管浆锚搭接连接技术

江苏中南建设集团自澳大利业引进了钢筋的金属波纹管浆锚搭接连接技术,主要应用于预制剪力墙的竖向钢筋连接。本技术的原理为在预埋钢筋附近预埋金属波纹管,在波纹管内插入待插钢筋后灌浆完成连接。本技术中金属波纹管较薄,在连接中仅起到预留孔洞的模板作用,不需取出,但波纹管直径较大,被连接的两根钢筋分别位于波纹管内、外,连接钢筋和被连接钢筋外围除混凝土外无其他约束。

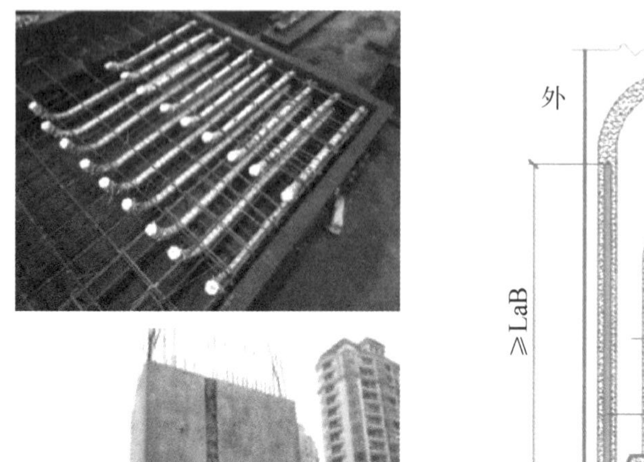

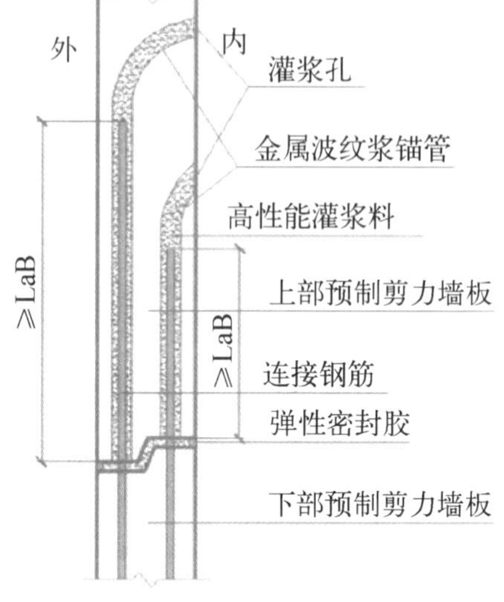

图0-1-11　金属波纹管浆锚搭接连接示意图

0.1.3　预制叠合剪力墙结构

预制叠合剪力墙是指采用部分预制、部分现浇工艺生产的钢筋混凝土剪力墙。在工厂制作、养护成型的部分称作预制剪力墙墙板。预制剪力墙外墙板外侧饰面可根据需要在工厂一体化生产制作。预制剪力墙墙板运输至施工现场，吊装就位后与叠合层整体浇筑，此时预制剪力墙墙板可兼作剪力墙外侧模板使用。施工完成后，预制部分与现浇部分共同参与结构受力。采用这种形式剪力墙的结构，称作预制叠合剪力墙结构。

预制叠合剪力墙的外墙模板有单侧预制与双侧预制两种方式。单侧预制的预制叠合剪力墙一般作为结构的外墙，预制墙板一侧设置叠合筋，现场施工需单侧支模、绑扎钢筋并浇筑混凝土叠合层；双侧预制叠合剪力墙可作为外墙也可作为内墙，将剪力墙沿厚度方向分为三层，内、外两层预制，中间层后浇，预制部分由两层预制墙板和桁架钢筋组成，在现场将预制部分安装就位后于两层板中间穿钢筋并浇筑混凝土。双侧叠合剪力墙利用内、外两侧预制部分作为模板，中间层后浇混凝土可与叠合楼板的后浇层同时浇筑，施工便利、速度较快。一般情况下，相邻层剪力墙仅通过在后浇层内设置的连接钢筋进行结构连接，虽然施工快捷，但内、外两层预制混凝土板与相邻层不相连接(包括配置在内、外叶预制墙板内的分布钢筋也不上、下连接)，因此预制混凝土板部分在水平接缝位置基本不参与抵抗水平剪力，其在水平接缝处平面内受剪和平面外受弯有效墙厚大幅减少。因此，叠合剪力墙的受剪承载力弱于同厚度的现浇剪力墙或其他形式的装配整体式剪力墙，其最大适用高度也受到相应的限制。另外，按照我国规范，剪力墙结构应要在规定区域设置构造边缘构件或约束边缘构件的要求，在该体系中不易完全得到满足，这也会大幅度弱化这种结构体系的固有优势。

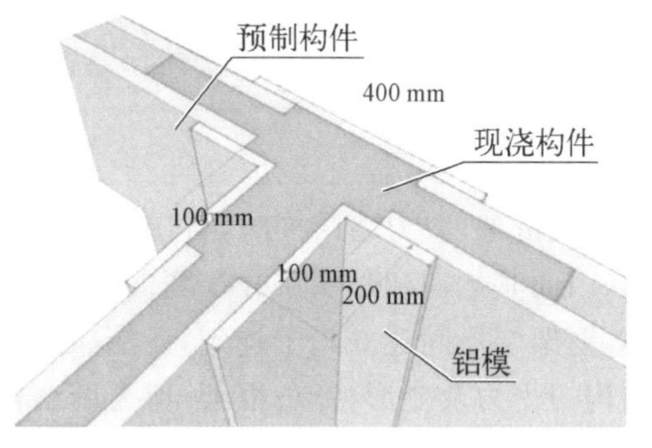

图0－1－12　叠合剪力墙

为增强结构抗震性能,叠合剪力墙体系提出了改进措施,增加后浇边缘构件或采用多扣连续箍筋约束的边缘构件构造方式,后者同时将边缘构件的竖向受力主筋移至后浇区内。这两种构造措施的改进使叠合剪力墙结构的抗震性能得到明显的改善。

预制叠合剪力墙结构的特点是:结构主体部分与全现浇剪力墙结构相似,结构的整体性较好;主体结构施工时节省了模板,也不需要搭设外脚手架;相较于传统现浇的剪力墙,预制叠合剪力墙通常比较厚;现场吊装时,预制墙板定位及支撑难度大;由于预制墙板表面有桁架筋,现浇部分的钢筋布置比较困难;这种体系的结构通常难以实现高预制率。

0.1.4　装配整体式框架—现浇剪力墙结构

为了充分发挥框架结构平面布置灵活和剪力墙结构侧向刚度大的特点,当建筑物需要较大空间且高度超过了框架结构的合理高度时,可采用框架和剪力墙共同工作的结构体系,这称为框架剪力墙结构。框架-剪力墙结构体系以框架为主,并布置一定数量的剪力墙,通过水平刚度很大的楼盖将二者联系在一起共同抵抗水平荷载,其中剪力墙承担大部分水平荷载。将框架部分的某些构件在工厂预制,如板、梁、柱等,然后在现场进行装配,将框架结构叠合部分与剪力墙在现场浇筑完成,从而形成共同承担水平荷载和竖向荷载的整体结构,这种结构形式称作装配整体式框架—现浇剪力墙结构。

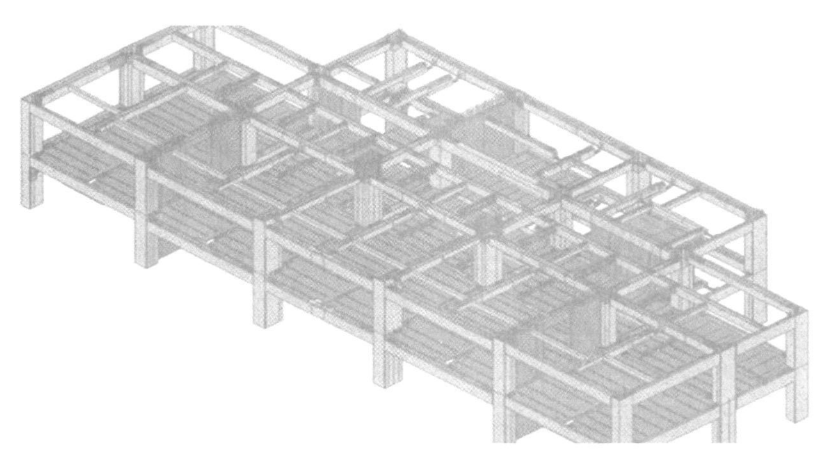

图0-1-13 装配整体式框架-现浇剪力墙结构组成模型

装配整体式框架-现浇剪力墙结构的特点是：在水平荷载作用下，框架与剪力墙通过楼盖形成框架-剪力墙结构时，各层楼盖因其巨大的水平刚度使框架与剪力墙的变形协调一致，因而其侧向变形属于介于弯曲型与剪切型之间的弯剪型；由于框架与剪力墙的协同工作，框架层层间建立趋于均匀，各层梁、柱截面尺寸和配筋也趋于均匀，这也改变了纯框架结构的受力及变形特点；框架-剪力墙结构比框架结构的水平承载力和侧向刚度都有很大提高；框架部分的存在有利于空间的灵活布置，剪力墙结构的存在有利于提高结构的水平承载力；由于仅仅对框架部分的构件进行预制，预制楼盖、预制梁、预制柱等单个预制构件的重量较小，对现场施工塔吊的起重量要求较小；由于剪力墙部分现浇，现场施工难度较小。

装配整体式框架-现浇剪力墙结构具有较高的竖向承载力和水平承载力，可应用于较高的办公楼、教学楼、医院和宾馆等项目。与现浇框架剪力墙结构不同，装配整体式框架-现浇剪力墙结构通常避免将现浇剪力墙布置在周边。如果剪力墙布置在结构的周边，现场施工时，仍然需要搭建外脚手架。

0.2 装配式混凝土建筑常用预制构件种类

预制混凝土构件(Precast Concrete Component)是在工厂或现场预先生产制作的混凝土构件，简称预制构件或PC构件。

装配式混凝土结构常用的预制构件有预制混凝土框架柱、预制混凝土叠合梁、预制混凝土钢筋桁架叠合楼板、预制混凝土剪力墙外墙板、预制混凝土剪力墙内墙板、预制混凝土楼梯、预制混凝土阳台板、预制混凝土空调板、预制混凝土外墙挂板等。这些构件通常在工厂预制加工完成，待强度符合规定要求后，再进行现场装配施工。

0.2.1 装配整体式混凝土框架结构主要预制构件

装配整体式混凝土框架结构常用的预制构件有预制混凝土框架柱、预制混凝土叠合梁、预制混凝土钢筋桁架叠合楼板、预制混凝土楼梯、预制混凝土阳台板、预制混凝土空调板、预制混凝土外墙挂板等。

1. 预制混凝土框架柱

预制混凝土框架柱构造

预制混凝土框架柱是建筑物的主要竖向结构受力构件，一般采用矩形截面。

预制角柱和边柱外侧设置 PC 外模，预制柱与现浇剪力墙采用预留墙体水平钢筋的方式连接，交界面在预制柱上设置抗剪槽，柱的纵向钢筋采用套筒连接(直螺纹+灌浆)，钢筋锚入套筒的长度为 $8d$。

图0-2-1　预制混凝土框架柱

2. 预制混凝土叠合梁

预制混凝土叠合梁构造

预制混凝土叠合梁是由预制混凝土底梁和后浇混凝土组成，分两阶段成型的整体受力水平结构受力构件。其下半部分(预制混凝土底梁)在工厂预制，上半部分(后浇混凝土部分)在工地叠合浇筑混凝土。叠合边梁在外侧边和高低板连接处叠合梁高的一侧设计 PC 模板。

图0-2-2 预制混凝土叠合梁

3. 预制混凝土钢筋桁架叠合楼板

预制混凝土叠合板构造

预制混凝土钢筋桁架叠合板属于半预制构件，采用下层带钢筋桁架的预制混凝土薄板和现浇混凝土叠合层组成整体的楼板。预制混凝土叠合板的预制部分最小厚度为 60 mm，叠合楼板在工地安装到位后应进行二次浇筑，从而成为整体实心楼板。钢筋桁架的主要作用是将后浇筑的混凝土层与预制底板形成整体，并在制作和安装过程中提供刚度。伸出预制混凝土层的钢筋桁架和粗糙的混凝土表面保证了叠合楼板预制部分与现浇部分能有效地结合成整体。

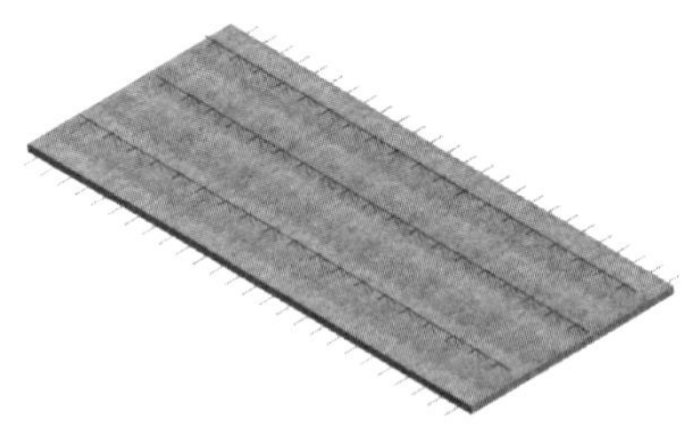

图0-2-3 预制混凝土钢筋桁架叠合楼板

4. 预制混凝土楼梯

在工厂制作的两个平台之间若干连续踏步或若干连续踏步和平台组合的混凝土构件。预制楼梯按照结构形式可分为预制板式楼梯和预制梁板式楼梯。

预制楼梯现场安装时，按锚固方法可分为搁置式楼梯和锚固式楼梯，如图 0－2－4 所

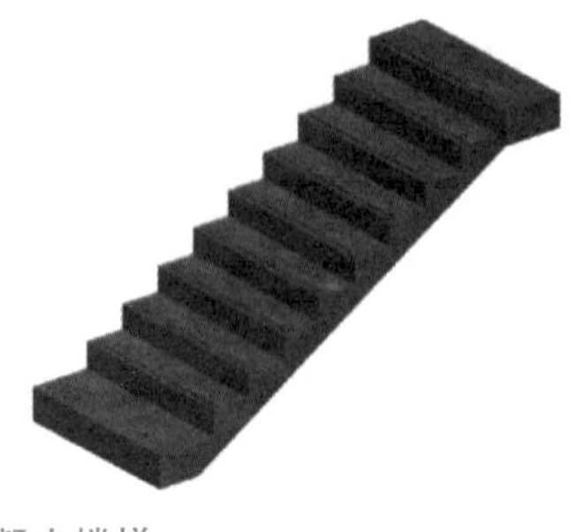

图0-2-4 预制混凝土楼梯

示。搁置式楼梯采用干式连接，楼梯端头无伸出钢筋，安装时通过楼梯上下两铰链端的销键预留孔与楼梯安放平台的锚固钢筋机械连接。锚固式楼梯采用湿式连接，楼梯端部有伸出钢段作筋，需锚固到楼梯安放平台的钢筋混凝土内。

5. 预制混凝土阳台板

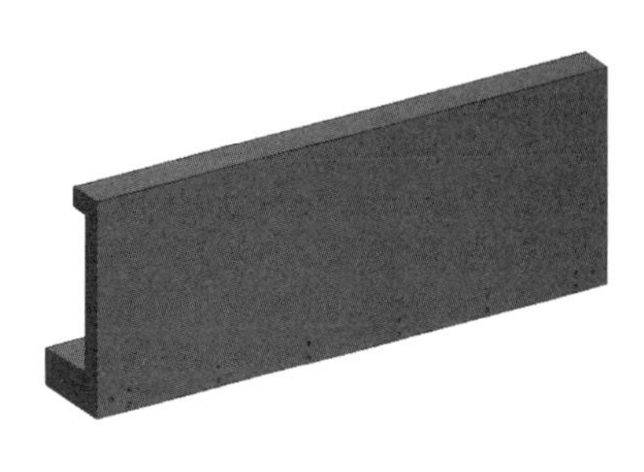

图0-2-5　预制混凝土阳台板

6. 预制混凝土空调板

预制混凝土空调板通常采用预制实心混凝土板，板顶预留钢筋通常与预制叠合板的现浇层相连。

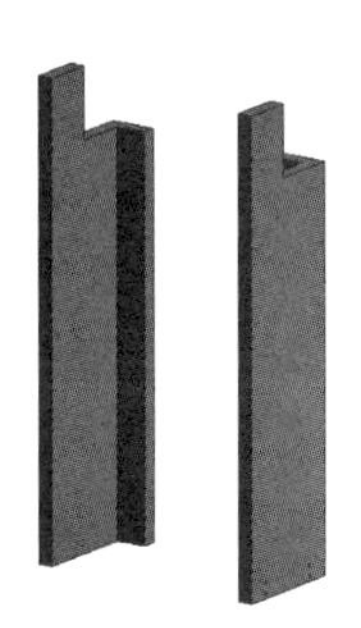

图0-2-6　预制混凝土空调板

7. 预制外挂墙板

预制外挂墙板构造与生产

安装在主体结构上，起围护、装饰作用的非承重预制混凝土外墙板，简称外挂墙板。外挂墙板设计时，墙板顶部布置剪力键及连接钢筋，连接钢筋锚入叠合板，两个承重节点，用于安装墙板；下部布置两个面外拉结节点，限位连接件(面内水平向可滑动)。

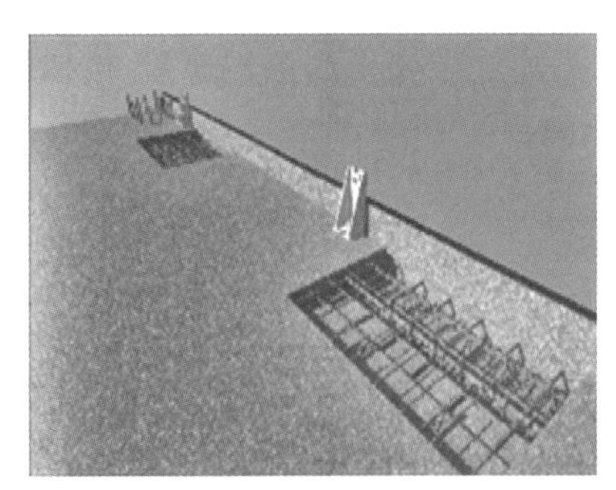

图0-2-7　预制混凝土外墙挂板

0.2.2　装配式混凝土剪力墙结构主要预制构件

预制混凝土剪力墙构造

装配式混凝土剪力墙结构常用的预制构件有预制混凝土钢筋桁架叠合楼板、预制混凝土剪力墙外墙板、预制混凝土剪力墙内墙板、预制混凝土楼梯等。

1. 预制混凝土剪力墙外墙板

在工厂预制完成、现场到场吊装的预制混凝土剪力墙，位于建筑物外侧，包括套筒实心剪力墙和夹心保温剪力墙(三明治墙板)。套筒实心剪力墙整体为一面实心剪力墙，侧面在施工现场通过预留钢筋与现浇剪力墙边缘构件连接，底部通过钢筋灌浆套筒与下层预制剪力墙预留钢筋相连。夹心保温剪力墙由内叶板、保温层和外叶板组成，内叶板为预制混凝土剪力墙、中间夹有温层、外叶板为钢筋混凝土保护层的预制混凝土夹心保温剪力墙墙板，内外两层混凝土板采用拉结件可靠连接，内叶板侧面在施工现场通过预留钢筋与现浇剪力墙边缘构件连接，底部通过钢筋灌浆套筒与下层预制剪力墙预留钢筋相连。

图0-2-8　套筒实心剪力墙

图0-2-9　夹心保温墙板(三明治墙板)

2. 预制混凝土剪力墙内墙板

在工厂预制完成的预制混凝土剪力墙，位于建筑物内侧，侧面在施工现场通过预留钢筋与现浇剪力墙边缘构件连接，底部通过钢筋灌浆套筒与下层预制剪力墙预留钢筋相连。

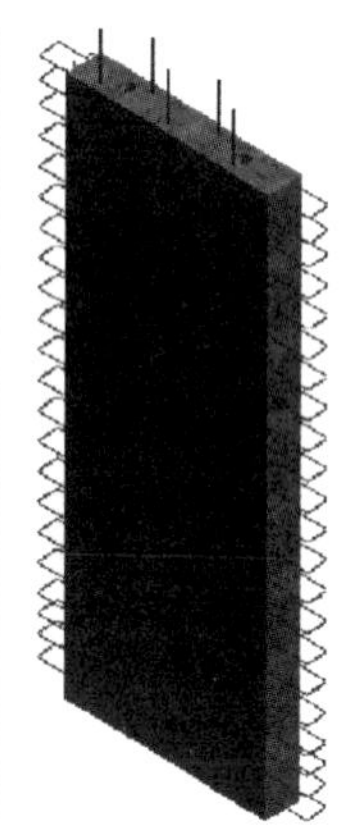

图0－2－10　预制混凝土剪力墙内墙板

3. 预制 PCF 板

即预制混凝土外模板，一般由外叶装饰层和中间保温层组成，在工厂中制作、养护，成型后运抵施工现场，安装就位后和现浇部分整浇形成叠合墙体。外挂墙板的一种，兼做外墙混凝土外模板。

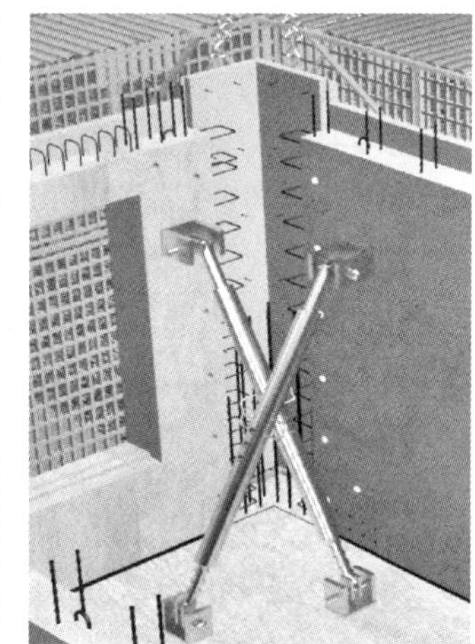

图0－2－11　预制 PCF 板

4. 预制混凝土阳台

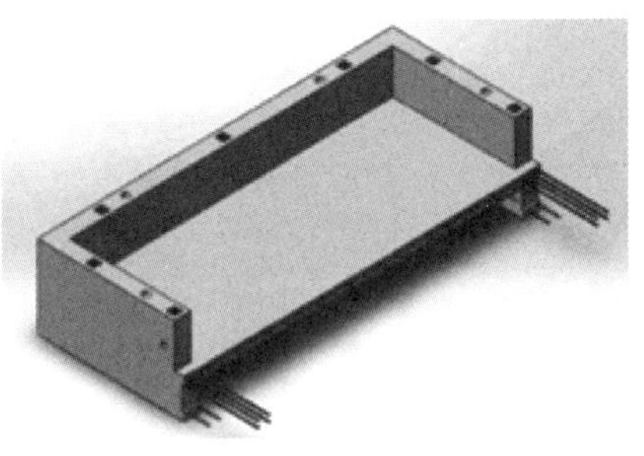

图0-2-12 预制混凝土阳台

0.2.3 装配式构件连接方式

连接设计

对装配式结构而言,“可靠的连接方式”是第一重要的,是结构安全的最基本保障。装配式混凝土结构连接方式包括:

(1) 钢筋套筒灌浆连接,分为全灌浆套筒和半灌浆套筒两种;

(2) 浆锚搭接连接;

(3) 后浇混凝土连接;

(4) 螺栓连接;

(5) 焊接连接。

1. 钢筋套筒灌浆连接

钢筋套筒灌浆连接基本规定

在金属套筒中插入单根带肋钢筋并注入灌浆料拌合物,通过拌合物硬化形成整体并实现传力的钢筋对接连接,简称套筒灌浆连接。

(1) 钢筋连接用灌浆套筒的分类

钢筋连接用灌浆套筒是采用铸造工艺或机械加工工艺制造,用于钢筋套筒灌浆连接的金属套筒,简称灌浆套筒。灌浆套筒可分为全灌浆套筒和半灌浆套筒。

全灌浆套筒:两端均采用套筒灌浆连接的灌浆套筒。

半灌浆套筒:一端采用套筒灌浆连接,而另一端采用机械连接方式连接钢筋的灌浆套筒。

(2) 钢筋套筒灌浆连接的原理

钢筋从套筒两端开口插入套筒内部,钢筋与套筒之间填充高强度微膨胀结构性灌浆料,借助灌浆料的微膨胀特性并受到套筒的围束作用,增强与钢筋、套筒之间的摩擦力实现钢筋应力传递。

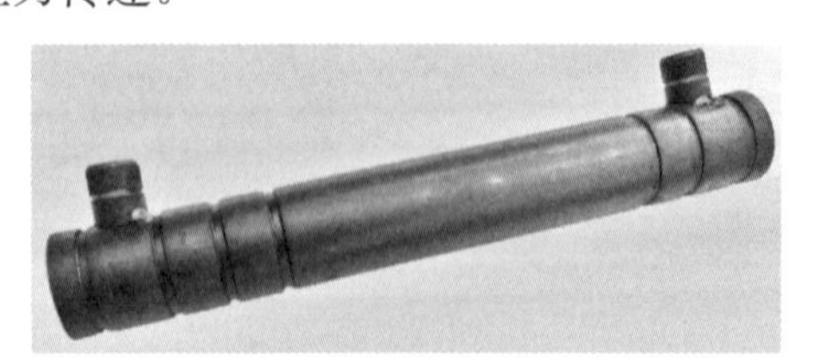

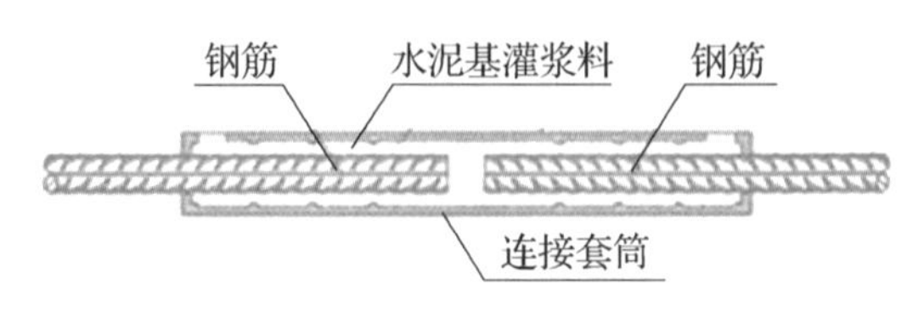

图0-2-13 全灌浆套筒

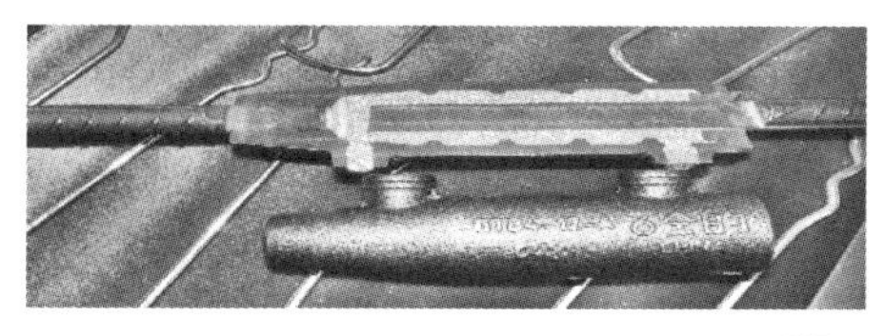
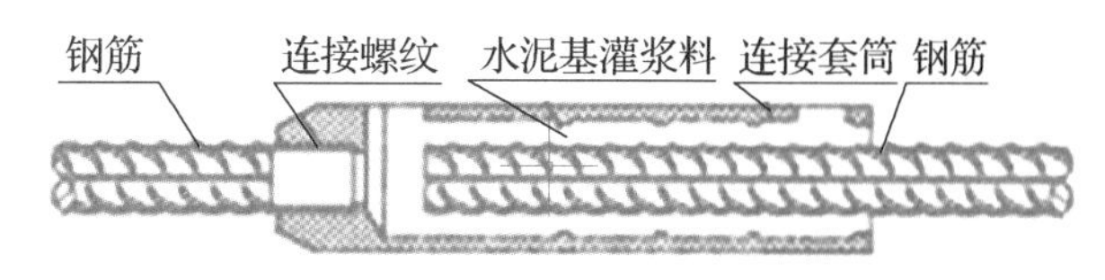

图0-2-14　半灌浆套筒

灌浆料是以水泥为基本原料，配以适当的细集料、混凝土外加剂和其他材料组成的干混料，加水搅拌后具有良好的流动性、早强、高强、微膨胀等特性，填充于套筒与带肋钢筋间隙内。

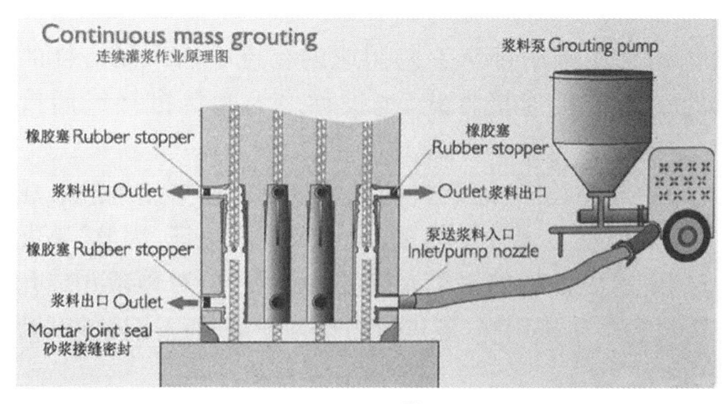

图0-2-15　连续灌浆作业原理图

(3) 应用

钢筋套筒灌浆连接主要用于装配式混凝土结构的剪力墙、预制柱的纵向受力钢筋的连接。也用于叠合梁等后浇部位的纵向钢筋连接。

验收

(a) 预制柱

(b) 剪力墙

(c) 梁

图0-2-16　钢筋套筒灌浆连接应用实例

采用套筒灌浆连接的构件混凝土强度等级不宜低于C30，混凝土构件中灌浆套筒的净距不应小于25 mm。混凝土构件的灌浆套筒长度范围内，预制混凝土柱箍筋的混凝土保护层厚度不应小于20 mm，预制混凝土墙最外层钢筋的混凝土保护层厚度不应小于15 mm。

当装配式混凝土结构采用符合《钢筋套筒灌浆连接应用技术规程》(JGJ 355—2015)规

定的套筒灌浆连接接头时，全部构件的纵向受力钢筋可在同一截面上连接。混凝土结构中全截面受拉构件同一截面不宜全部采用钢筋套筒灌浆连接。

采用套筒灌浆连接的混凝土构件设计应符合下列规定：接头连接钢筋的强度等级不应高于灌浆套筒规定的连接钢筋强度等级；接头连接钢筋的直径规格不应大于灌浆套筒规定的连接钢筋直径规格，且不宜小于灌浆套筒规定的连接钢筋直径规格一级以上；构件配筋方案应根据灌浆套筒外径、长度及灌浆施工要求确定；构件钢筋插入灌浆套筒的锚固长度应符合灌浆套筒参数要求；竖向构件配筋设计应结合灌浆孔、出浆孔位置；底部设置键槽的预制柱，应在键槽处设置排气孔。

2. 浆锚搭接连接

浆锚搭接连接是指在预制混凝土构件中采用特殊工艺制成的孔道中插入需搭接的钢筋，并灌注水泥基灌浆料而实现的钢筋搭接连接方式，也被称之为间接搭接或间接锚固。

浆锚搭接连接技术的关键在于孔洞的成型技术、灌浆料的质量以及对被搭接钢筋形成约束的方法等各个方面。目前我国的孔洞成型技术种类较多，尚无统一的论证，因此《装配式混凝土结构技术规程》(JGJ 1—2014)要求纵向钢筋采用浆锚搭接连接时，对预留孔成孔工艺、孔道形状和长度、构造要求、灌浆料和被连接钢筋，应进行力学性能以及适用性的试验验证。

浆锚搭接预留孔洞的成型方式主要有埋置螺旋的金属内模，构件达到强度后旋出内模；预埋金属波纹管做内模，完成后不抽出。采用金属内膜旋出时容易造成孔壁损坏，也比较费工，因此金属波纹管方式可靠简单。

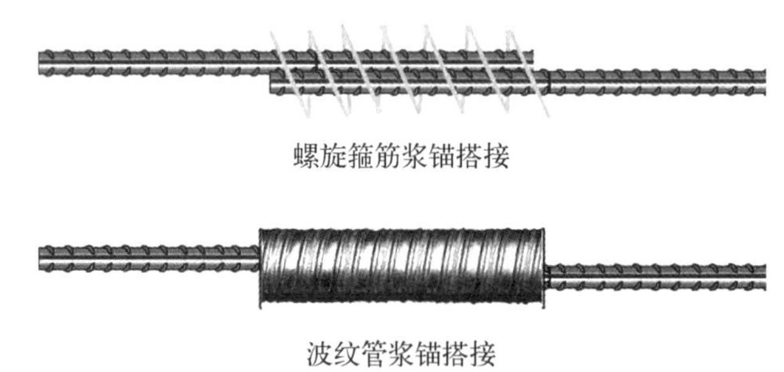

螺旋箍筋浆锚搭接

波纹管浆锚搭接

图0-2-17　浆锚搭接连接

国内应用较多的主要有钢筋约束浆锚搭接连接和金属波纹管浆锚搭接连接技术。在预制构件中有螺旋箍筋约束的孔道中进行搭接的技术，称为钢筋约束浆锚搭接连接。墙板主要受力钢筋采用插入一定长度的钢套筒或预留金属波纹管孔洞，灌入高性能灌浆料形成的钢筋搭接连接技术，称为金属波纹管浆锚搭接连接。金属波纹浆锚管采用镀锌钢带卷制形成的单波或双波形咬边扣压制成的预埋于预制钢筋混凝土构件中用于竖向钢筋浆锚接的金属波纹管。

浆锚接连是基于黏结锚固原理进行连接的方法，在竖向结构构件下段范围内预留出竖向孔洞，孔洞内壁表面留有螺纹状粗糙面，周围配有横向约束螺旋箍筋，将下部装配式预制构件预留钢筋插入孔洞内，通过灌浆孔注入灌浆料将上下构件连接成一体的连接方式。

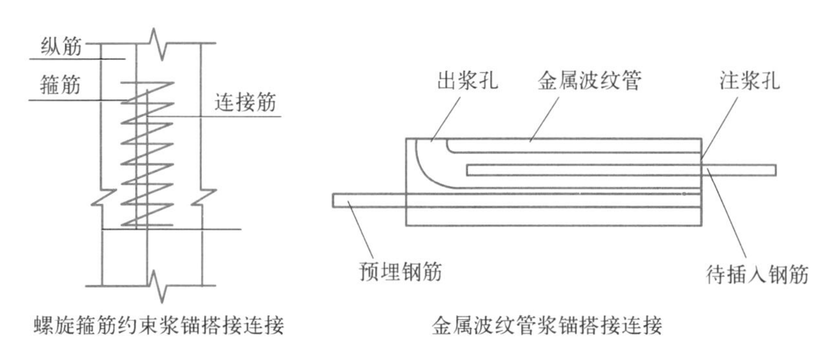

图0-2-18　浆锚搭接连接原理示意图

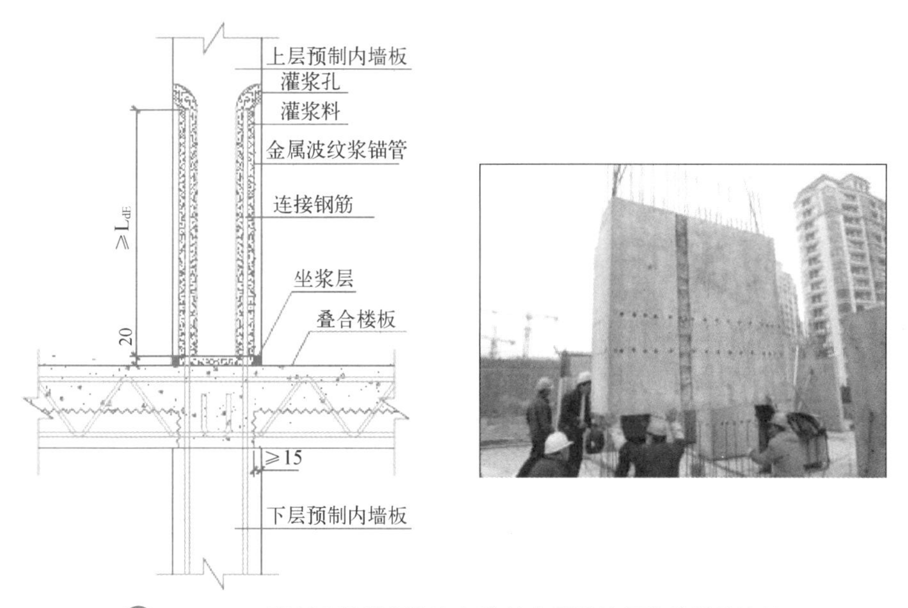

图0-2-19　预制内墙板间竖向钢筋的金属波纹管浆锚搭接连接

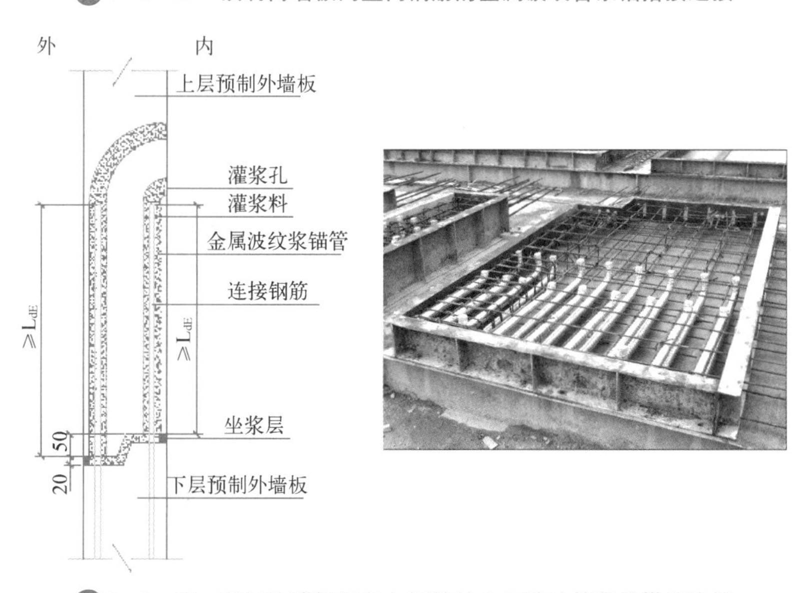

图0-2-20　预制外墙板间竖向钢筋的金属波纹管浆锚搭接连接

纵向钢筋采用浆锚搭接连接时，对预留孔成孔工艺、孔道形状和长度、构造要求、灌浆料和被连接钢筋，应进行力学性能以及适用性的试验验证。直径大于 20 mm 的钢筋不宜采用浆锚搭接连接，直接承受动力荷载构件的纵向钢筋不应采用浆锚搭接连接。

3. 后浇混凝土连接

后浇混凝土是指预制构件安装后在预制构件连接区域或叠合层现场浇注的混凝土。

在装配式结构中，基础、首层、裙房、顶层等部位的现浇混凝土称为先浇混凝土。连接区域或叠合部位的现场浇注的混凝土称为后浇混凝土。

后浇混凝土连接是装配式混凝土结构中非常重要的连接方式，其中后浇混凝土钢筋连接是后浇混凝土连接节点最重要的环节，可采用现浇结构钢筋的连接方式，主要包括：机械连接、钢筋搭接、钢筋焊接等。

预制构件与后浇混凝土、灌浆料、坐浆材料的结合面应设置粗糙面、键槽，并应符合下列规定：

（1）预制板与后浇混凝土叠合层之间的结合面应设置粗糙面。

（2）预制梁与后浇混凝土叠合层之间的结合面应设置粗糙面；预制梁端面应设置键槽（图 0－2－21）且宜设置粗糙面。键槽的尺寸和数量应按《装配式混凝土结构技术规程》(JGJ 1—2014)第 7.2.2 条的规定计算确定；键槽的深度 t 不宜小于 30 mm，宽度 W 不宜小于深度的 3 倍且不宜大于深度的 10 倍；键槽可贯通截面，当不贯通时槽口距离截面边缘不宜小于 50 mm；键槽间距宜等于键槽宽度；键槽端部斜面倾角不宜大于 30°。

（3）预制剪力墙的顶部和底部与后浇混凝土的结合面应设置粗糙面；侧面与后浇混凝土的结合面应设置粗糙面，也可设置键槽；键槽深度 t 不宜小于 20 mm，宽度 W 不宜小于深度的 3 倍且不宜大于深度的 10 倍，键槽间距宜等于键槽宽度，键槽端部斜面倾角不宜大于 30°。

（4）预制柱的底部应设置键槽且宜设置粗糙面，键槽应均匀布置，键槽深度不宜小于 30 mm，键槽端部斜面倾角不宜大于 30°。柱顶应设置粗糙面。

（5）粗糙面的面积不宜小于结合面的 80%，预制板的粗糙面凹凸深度不应小于 4 mm，预制梁端、预制柱端、预制墙端的粗糙面凹凸深度不应小于 6 mm。

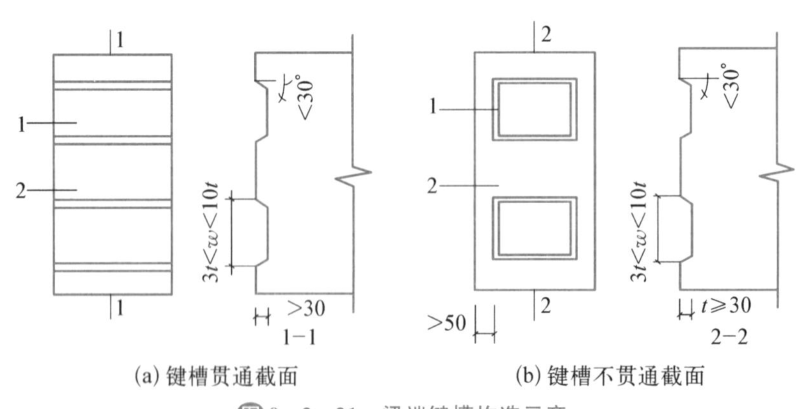

图 0－2－21　梁端键槽构造示意

1—键槽；2—梁端面

粗糙面的处理方法包括：

人工凿毛法：人工使用铁锤和凿子剔除预制构件结合面的表皮，露出碎石骨料。

机械凿毛法：使用专门的小型凿岩机配置梅花平头钻，剔除结合面混凝土表皮。

图0－2－22　粗糙面构造示意

缓凝水冲法：在预制构件混凝土浇注前，将含有缓凝剂的浆液涂刷在模板上，浇注混凝土后，利用已浸润缓凝剂的表面混凝土与内部混凝土的缓凝时间差，用高压水冲洗未凝固的表层混凝土，冲掉表面浮浆露出骨料形成粗糙表面。

4. 螺栓连接

螺栓连接是指用螺栓和预埋件将预制构件与预制构件或预制构件与主体结构进行连接的一种连接方式。在装配式混凝土结构中，螺栓连接仅用于外挂墙板和楼梯等非主体结构构件的连接。

图0－2－23　螺栓链接

5. 焊接连接

焊接连接是指在预制混凝土构件中预埋钢板，构件之间将预埋钢板进行焊接连接来传递构件之间作用力的连接方式。焊接连接在混凝土结构中仅用于非结构构件的连接。

0.3 装配式混凝土预制构件生产工艺

预制构件一般采用流水线生产方式，流水线方式又可分为固定模台工艺、流动模台工艺和长线台座工艺。

0.3.1 固定模台工艺

所谓固定模台是指一块平整度较高的钢平台，常见的有碳钢模台和不锈钢模台。以这块固定模台作为预制构件的底膜，在模台上固定构件侧模，组合成完整的模具。固定模台也被称为底模、平台或台模。固定模台在国际上应用非常普遍，在日本、东南亚地区以及美国和澳大利亚应用比较多，欧洲生产异型构件以及工艺流程比较复杂的构件，也可采用固定模台工艺。

固定模台工艺是指模台是固定不动的，作业人员和钢筋、混凝土等材料在各个模台间"流动"。绑扎或焊接好的钢筋用起重机运送到各个固定模台处、混凝土用布料机或布料料斗运送到固定模台处，养护时的蒸汽管道在各个固定模台下。预制构件就地养护，构件脱模后再用起重机运送到预制构件存放区。固定模台工艺又分为平模工艺、立模工艺。

图0-3-1 固定模台

按照生产规模，在生产车间内布置一定数量的固定模台，组装模具、放置钢筋与预埋件、浇筑混凝土、振捣混凝土、养护构件和拆除模具等工序都在固定模台上进行。其加工对象位置相对固定而操作人员按不同工种依次在各工位上操作。

固定模台工艺是预制构件制作中应用最广泛的一种制作工艺，具有适用范围广、适应性强、加工工艺灵活、启动资金少等优点。由于模台间不能移动，其占地面积大、人工消耗量大，多数情况下生产效率较低，但适用范围广，适用于柱、梁、楼板、墙板、飘窗板、阳台板、转角构件等各类预制构件的生产。

固定模台工艺的工艺流程：根据设计图纸进行原材料预算，计划采购各种原材料的种类和数量(钢筋、水泥、砂、石等)，包括固定模台与侧模。将模具按照设计图纸进行组装，吊入已加工好的钢筋骨架，同时安装好各类预埋件，将预拌好的混凝土通过布料机或布料料斗注入组装好的模具内，经过混凝土抹面后覆膜养护预制构件，经过蒸汽养护使其达到脱模强度，经过检验合格后方可运输到预制构件存放区。

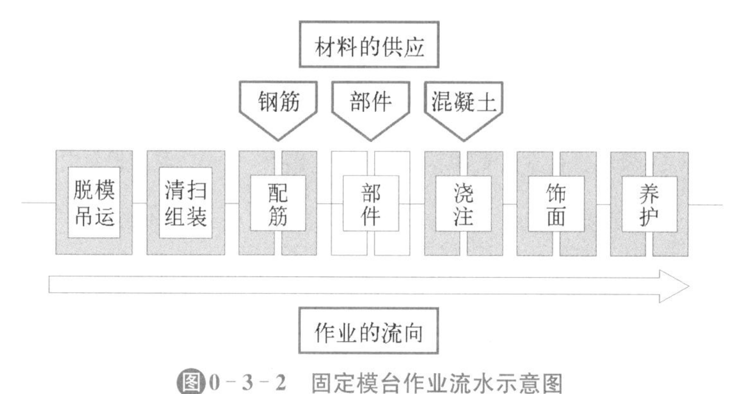

图0－3－2　固定模台作业流水示意图

模具设计与制作

1. 平模工艺

平模工艺采用平面浇筑的方式，构件是“躺着”浇筑的。它具有适用性好、管理简单、设备成本较低的特点，但难以实现机械化，人工消耗量较多。

图0－3－3　预制楼梯平模模具

图0－3－4　叠合板平模工艺

2. 立模工艺

立模工艺中构件是“立着”浇筑的。具有占地面积小，节约用地，构件立面没有压光面，表面光洁，可降低模具成本，也不需要翻转模台等优点，其在制作内隔墙板中运用比较成熟。立模工艺适用于无装饰面层、无门窗洞口的墙板、清水混凝土柱子和楼梯等，不适用于楼板、梁、夹芯保温墙板、装饰一体化墙板的制作。

立模有两种，一种是独立立模，一种是组合立模。例如：一个立着浇筑的柱子或一个侧立浇筑的楼梯板的模具均属于独立立模。

图0-3-5　预制楼梯立模模具

图0-2-6　楼梯模具内部构造

成组浇筑的墙板模具属于组合立模。组合立模的模板可以在轨道上平行移动，安放钢筋、灌浆套筒、预埋件时，模板可移开一定距离，并留出足够的作业操作空间，安放钢筋、灌浆套筒、预埋件结束后，模板移动到墙板宽度所要求的位置，再进行封堵侧模。

图0-3-7　成组墙板立模模具

图0-3-8　组合立模内部构造

0.3.2　流动模台工艺

流动模台工艺的特征和优势在于：模具在生产线上循环流动，而不是机器和工人在生产线中循环，能够在快速有效的生产简单产品的同时制造耗时而更复杂的产品，而不同产品的生产工序之间互不影响。流动模台工艺也可分为平模工艺、立模工艺。

流动模台工艺生产不同预制构件产品所需要的时间(即节拍)是不同的，按节拍时间可分为固定节拍和柔性节拍。固定节拍特点是效率高、产品质量可靠，适应产品单一、标准化程度高的产品。柔性节拍特点是流水相对灵活，对产品的适应性较强。

因此流动模台工艺为能够同步灵活地进行生产不同产品提供了可能性，令生产操作控制更为简单。若要满足装配式建筑产业的发展需求，无论从生产效率还是质量管理角度考虑，流动模台工艺无疑是一种较为合理的生产方式。

流动模台工艺可达到很高的自动化和智能化水平，对于标准且出筋不复杂的预制构件，可形成全自动化或半自动化生产线，大量减少人工生产力，减轻劳动强度，节约能耗，提高效率，适用于生产标准化的楼板类、墙板类预制构件或无装饰层墙板的制作。但是由于流水线工艺的自动化程度较高，其投资较大、回报周期长，后期维护费用高，且对操作人员的要求比较高。我国目前在流水线工艺上还尚未达到较高的自动化程度，手工作业依旧较多。

流动模台工艺的工艺流程：首先模台在组模区进行模具组装；然后移动到放置钢筋和预埋件的作业区段，进行钢筋和预埋件的入模作业；然后再移动到混凝土浇筑振捣平台上进行混凝土浇筑振捣；完成浇筑后，进行面层处理，最后模台移动到养护窑进行养护；养护结束后出窑，移动到脱模区进行脱模，构件被吊起或在翻转台上翻转后吊起，然后运送到预制构件存放区进行存放。

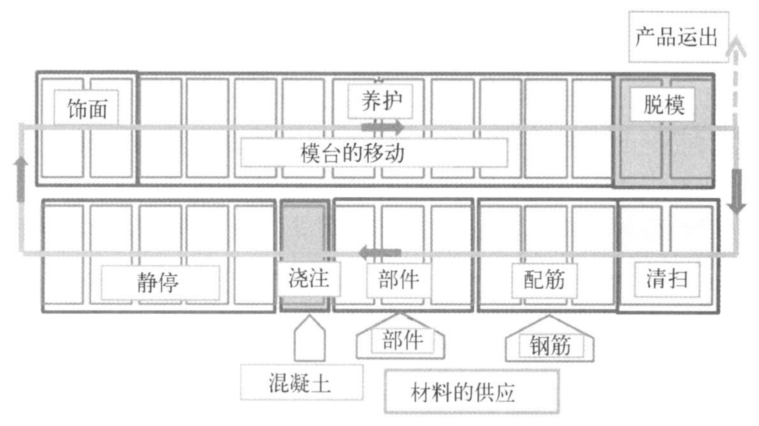

图0-3-9　流动模台作业流水示意图

流动模台工艺的主要设备包括模台清理机、脱模剂喷涂机、布料机、振动台、预养窑、赶平机、拉毛装置、抹光机、立体养护窑、翻转机、摆渡车、支撑轮、驱动轮、钢筋运输车和构件运输车等。

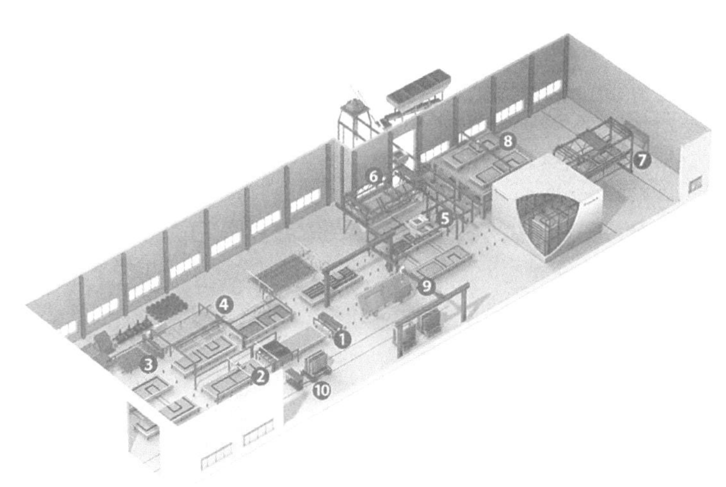

图0-3-10　某流动模台工艺设备布置示意图

① 清扫机；② 边模布置机械；③ 钢筋加工设备；④ 钢筋骨架布置设备；⑤ 布料机；⑥ 翻转机械；⑦ 模台存取机；⑧ 平移摆渡设备；⑨ 立板机；⑩ 构件运输台车

0.3.3　长线台座工艺

长线台座工艺的特征是台座较长，一般超过100米，操作人员和设备沿台座一起移动成型产品。特点是产品简单、规格一致、效率较高。**长线台座工艺即可采用预应力工艺，也可采用非预应力工艺。**

由于预应力混凝土具有结构截面小、自重轻、刚度大、抗裂度高、耐久性好和材料省等特点，使得该技术在装配式领域中得到了广泛的应用，特别是预应力楼板在大跨度的建筑中广泛应用。

预应力工艺分为先张法预应力工艺和后张法预应力工艺两种，常采用先张法工艺。

1. 先张法

先张法预应力混凝土构件生产时，首先将预应力钢筋按规定在钢筋张拉台上铺设张拉，然后浇筑混凝土成型或者挤压混凝土成型，当混凝土经过养护、达到一定强度后拆卸边模和肋模，放张并切断预应力钢筋，切割预应力楼板。先张法预应力混凝土具有生产工艺简单、生产效率高、质量易控制、成本低等特点。除钢筋张拉和楼板切割外，其他工艺环节与固定台模工艺接近。

先张法预应力生产工艺适合生产叠合板、预应力空心楼板、预应力双 T 板以及预应力梁等。

图0－3－11　预应力叠合板生产线

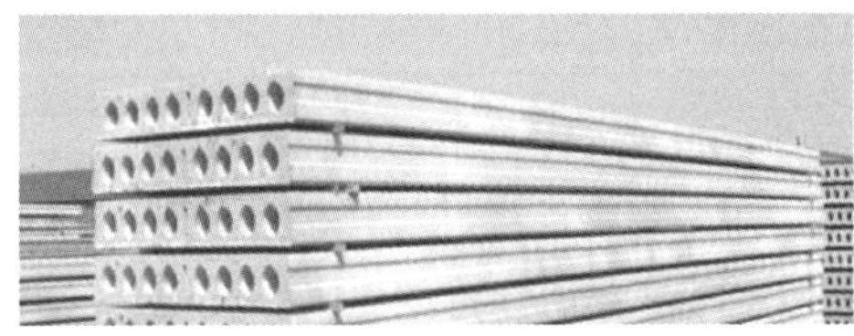

图0－3－12　预应力空心板

图0－3－13　预应力预应力双 T 板生产线

2. 后张法

后张法预应力混凝土构件生产是在构件浇筑成型时按规定预留预应力钢筋孔道，当混凝土经过养护达到一定强度后，将预应力钢筋穿入孔道中，再对预应力钢筋张拉，依靠锚具锚固预应力钢筋，建立预应力，然后对孔道灌浆。后张法预应力工艺生产灵活，适宜于结构复杂、数量少、重量大的构件,特别适合于现场制作的混凝土构件。

0.3.4 制作工艺选择

预制构件工厂在建厂时可根据市场定位确定预制构件的制作工艺。通常可以有以下几种组合方式:

(1) 固定模台工艺

可以生产各类预制构件,灵活性强,可以承接各种工程,生产各种预制构件,但占地较大,产能较低。

2. 固定模台工艺+立模工艺

在固定模台工艺的基础上,附加一部分立模工艺区,可用于生产板式构件。

3. 流动模台工艺

适用性强,可用于专业生产标准化程度较高的板类构件。

4. 流动模台工艺+固定模台工艺

流动模台工艺生产标准化程度较高的板类构件,同时设置部分固定模台生产复杂构件。

5. 长线台座工艺

在有预应力构件需求时应专门配置预应力生产线。当市场需求量较大时,可以建立专业工厂,不生产其他的构件。也可以作为其他生产工艺工厂的附加生产线。

0.3.5 制作工艺布置

预制构件工厂生产车间内的各条生产线间的布置应满足方便流畅、距离最短、平衡均匀、固定循环、安全合规、经济产量的原则,使各工序间做到有机的结合,资源均衡,避免交叉,减少搬运,充分利用生产车间的资源,安全有保障。

预制构件工厂几种典型的布置形式:

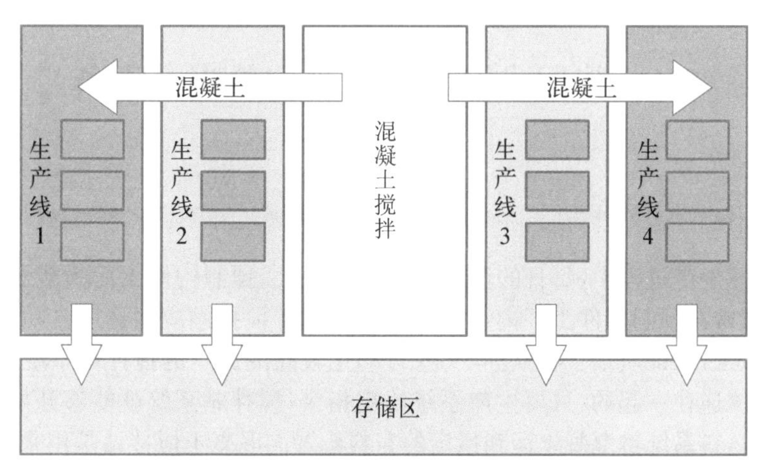

图0-3-14　预制构件工厂布置形式(一)

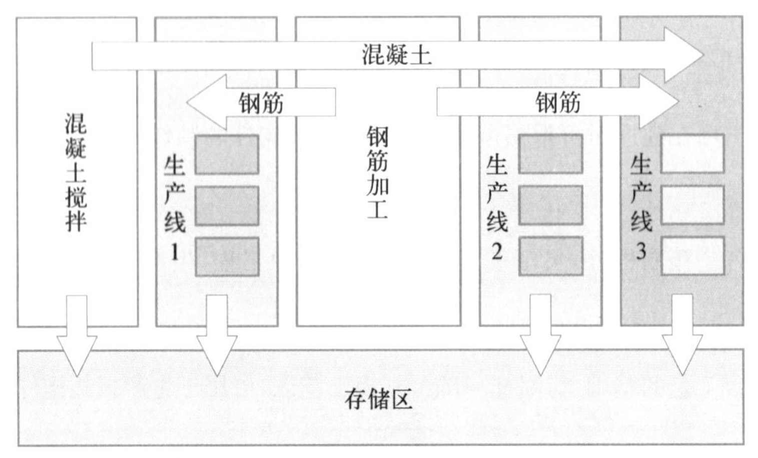

图0-3-15　预制构件工厂布置形式(二)

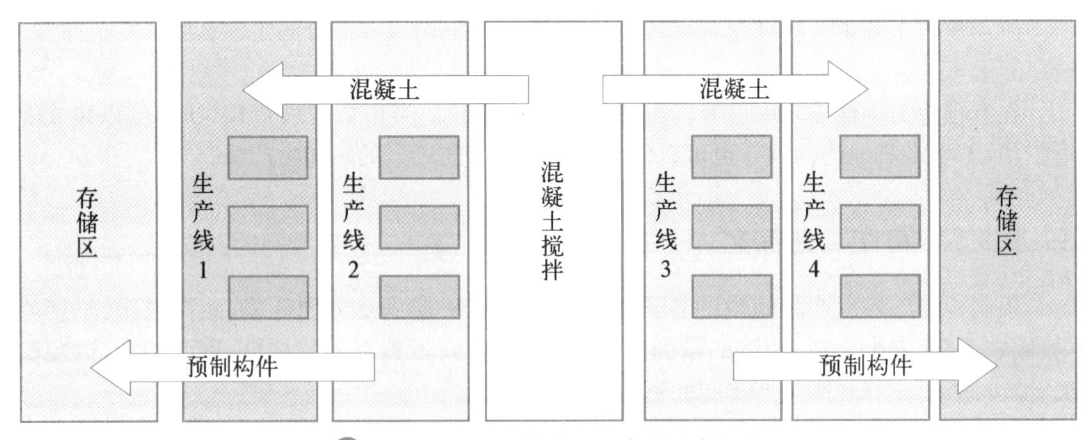

图0-3-16　预制构件工厂布置形式(三)

0.4　装配式混凝土预制构件生产设备

0.4.1　混凝土搅拌站

在预制构件生产过程中,每日的混凝土使用量很大,预制构件工厂为能及时、方便地获得混凝土,一般常在预制构件工厂内设置专用搅拌站。搅拌站应当选用自动化程度较高的设备,以减少人工,保证质量。在欧洲,一些自动化较高的工厂的搅拌站系统是和预制构件生产线控制系统连在一起的,只要生产系统给出指令,搅拌站系统就能够开始生产混凝土,然后通过自动运料系统将混凝土运到指定的布料位置。混凝土搅拌站是用来集中搅拌混凝土的联合装置,其机械化、自动化程度高,生产效率高,能保证混凝土的质量和节约水泥。混凝土搅拌站主要由物料储存系统、物料称量系统、物料输送系统、搅拌系统和控制系统等5大系统以及其他附属设施如粉料储存系统、粉料输送系统、粉料计量系统、水及外加剂计量系统组成。

混凝土搅拌站设备在选择时应满足以下要求：

(1) 预制构件工厂混凝土搅拌站为周期性生产方式，因此，设备选型需要以单位时间需要混凝土的用量以及工厂的设计产能来选择搅拌主机的生产能力，而不是单纯考虑搅拌站连续出料能力。

(2) 预制构件工厂混凝土搅拌站需要考虑多点用料特点，大多数情况下要考虑鱼雷罐和搅拌车接料要求配置 2 个出料口，有时甚至需要 3 个出料口。

图0－4－1　混凝土搅拌设备

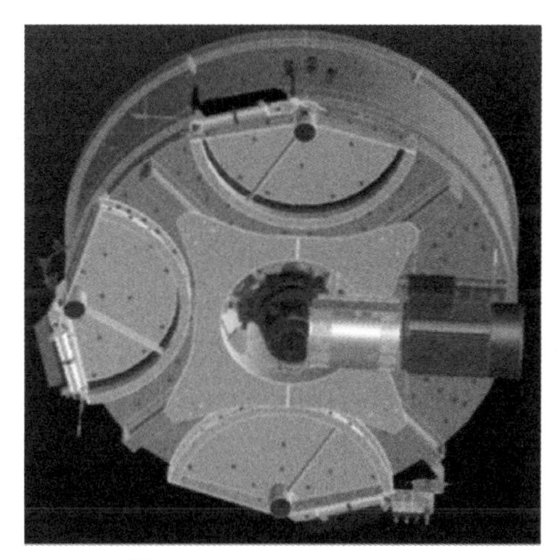

图0－4－2　搅拌机出料口

(3) 与商品混凝土运输过程中可以继续搅拌不同，预制构件工厂对搅拌机出料时的混凝土质量要求更高，也就是要求有更高的搅拌效率。通过不同搅拌机搅拌混凝土时的功率输出曲线可以看到盘式行星搅拌系统可以在最短的时间内使输出功率趋于平稳，也就是搅拌效率更高。

(4) 预制构件工厂混凝土搅拌站的下料高度设计时需要充分考虑鱼雷罐和预制构件生产线布料机的接料高度。

(5) 预制构件工厂混凝土搅拌站可根据采用配合比情况配置 4～5 个砂石骨料仓。传统情况下配置适合装载机上料直列式骨料仓，近年来更加环保的筒仓是立体骨料仓，应用越来越多。粉体立体料仓数量应满足水泥、粉煤灰、硅灰、矿粉中至少 3 种粉料使用需求。单个料仓根据场地情况可选择 200 t 或 300 t。

(6) 预制构件工厂混凝土搅拌站需要设置污水和废弃混凝土回收和资源化利用设施。

(7) 预制构件工厂混凝土搅拌站对自动化生产能力要求较高，不仅要满足物料储存、计量、输送以及搅拌控制的自动化生产，还要实现鱼雷罐接料、自动流水线混凝土浇筑等一体化管理。

图0-4-3　封闭式立体骨料仓及粉料仓

图0-4-4　搅拌站、鱼雷罐清洗渣浆回收设备

混凝土搅拌时，在操作界面上按照骨料集配要求设置好参数，骨料由配料站骨料仓卸料门卸入骨料计量斗中进行计量，计量好后卸到运转的平皮带上，有平皮带送到斜皮带机上，斜皮带机输送至搅拌机上部的待料斗等待指令，同时水泥以及粉煤灰等由螺旋输送机输送至各自的计量斗中进行计量，水以及外加剂分别由水泵以及外加剂泵送到各自的计量斗中进行计量。各种物料计量完毕后，由控制系统发出指令开始顺次投料到搅拌机中进行搅拌，搅拌完成后，打开搅拌机的卸料门，将混凝土经卸料斗卸至搅拌运输中，然后进入下一个工作循环。

0.4.2　模板加工设备

金属模具加工应当有以下主要加工设备：激光裁板机、线切割机、剪板机、磨边机、冲床、台钻、摇臂钻、车床、焊机和组装平台。

0.4.3　钢筋加工设备

钢筋加工是预制构件制作流程中不可缺少的重要环节，也是预制构件生产质量的关键环节。

钢筋加工包括钢筋调直、钢筋切断、钢筋弯曲成型和钢筋骨架组装等环节。为了避免人工制作造成的生产误差，保证生产质量，提高生产效率，降低生产损耗，对于钢筋加工设备常采用自动化的生产设备来进行钢筋加工。

钢筋加工常用的设备有钢筋调直切割机、钢筋弯箍机、钢筋弯曲机、桁架钢筋加工设备和标准钢筋网片焊接设备。

图0-4-5 数控钢筋调弯箍机

图0-4-6 钢筋调制切断机

图0-4-7　数控钢筋桁架焊接机

图0-4-8　数控钢筋网焊接机

0.4.4 生产线设备

1. 固定模台生产线设备

固定模台生产线主要是由钢模台、布料斗、运料系统或运料罐车、手持式振动棒、蒸汽锅炉、蒸汽养护自动控制系统、成品运输车等组成。固定模台台面尺寸根据构件尺寸灵活确定。

表 0-4-1 固定模台工艺设备配置情况

序 号	设备名称	功能说明
1	钢模台	作为预制构件生产的底模
2	运料系统	运输混凝土
3	布料斗	浇筑混凝土
4	运料罐车	运输混凝土
5	手持式振动棒	振捣混凝土
6	蒸汽锅炉	养护混凝土
7	蒸汽养护自动控制系统	自动控制养护温度及过程
8	成品运输车	预制构件的运输

图0-4-9 钢模台

图0-4-10 手持式振动棒

图0-4-11 运料系统

图0-4-12 浇筑料斗

2. 流水线生产设备

流水线主要由钢模台、模台清理机、脱模剂喷涂机、布料机、振动台、预养窑、赶平机、拉毛装置、抹光机、立体养护窑、翻转机、摆渡车、支撑轮、驱动轮、钢筋运输车和构件运输车等设备组成。

(1) 钢模台

钢模台由抗振焊接钢结构和一个平面模板焊接而成,模台的长度和宽度可定制,表面为8～10 mm厚的钢板,模台的单位面积承载力通常设置为650 kg/m^2。模台在生产线中担当作业平台,应符合人体工程学的设计要求,其工作表面高度不宜大于为700 mm,模台四边可预留螺丝孔固定边模。

采用流动模台工艺时,模台需要进行流转,设备操作人员禁止站在模台流转方向上进行操作。模台运行前,要先检验自动安全防护切断系统和感应防撞装置是否正常。

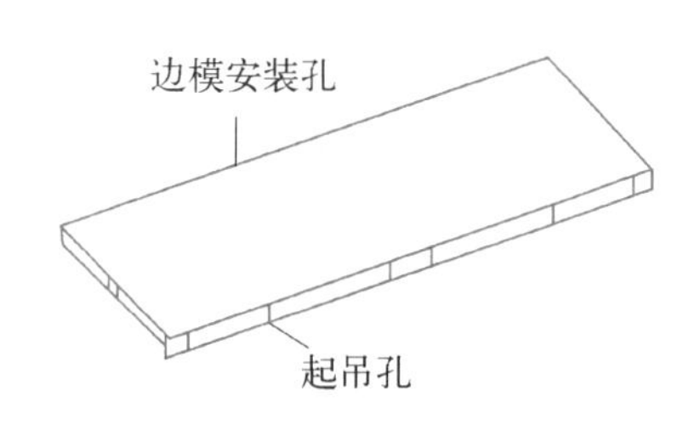

图0-4-13　钢模台

(2) 模台清理机

模台清理机可实现对模台表面的清理,使模台表面整洁干净。第一次操作前需调节好辊刷与模台的相对位置,后续不能轻易改动。作业时,注意不得将辊刷降至与模台的抱死状态,否则会使电机烧坏。清扫机工作过程中,禁止触摸任何运动装置,如辊刷、链轮等传动件;禁止拆开覆盖件,在覆盖件打开时,禁止启动清扫机。

清理模台时,任何人不得站立于被清理的模台上。除操作人员外,工作时禁止闲人进入清扫机作业范围。工作结束后关闭电源,定期清理料斗中的灰尘。

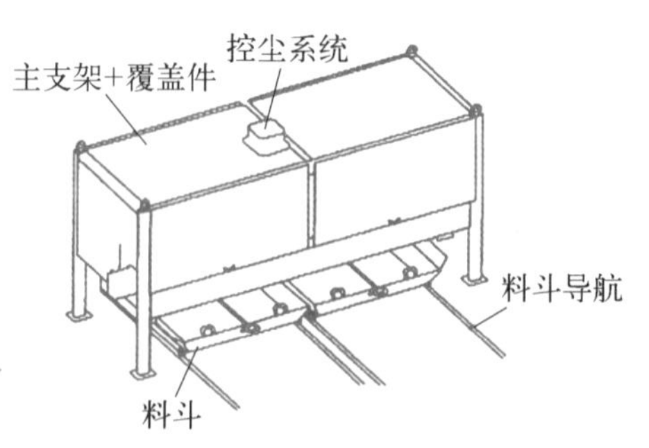

图0-4-14　模台清理机

(3) 脱模剂喷涂机

脱模剂喷涂机用于脱模剂的喷涂,其功能是将脱模剂雾化后均匀快速地喷涂在模台表面。模台经过时，脱模剂喷涂机自动喷洒脱模剂，脱模剂采用雾化系统喷洒，备有滴油回收系统；采用固定式喷油机，模台均匀移动的方式，喷油效果好。

脱模剂喷涂机工作过程中，检查喷涂是否均匀。不均匀需及时调整喷头高度、喷射压力。调试设置好之后不得再更改触摸屏上的参数。

在喷涂前，检查脱模剂的容量，定期添加脱模剂，添加脱模剂前应先释放油箱压力。注意定期回收油槽中的脱模剂，避免污染周边环境。

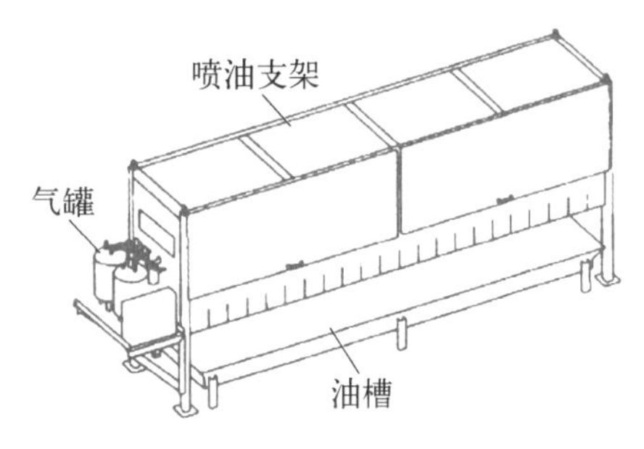

图0－4－15　脱模剂喷涂机

（4）划线机

划线机用于在模台上画出模板装配及预埋件安装的位置线，确保模具及埋件安装的准确性。

划线机在工作前，应调试设置好划线的参数，确定后，不得再更改参数。

模台经过时，应保证划线机按照设置的参数进行，行驶速度匀速和准确。一旦出现作业错误，应及时停止机器，待检修合格后，可继续使用。

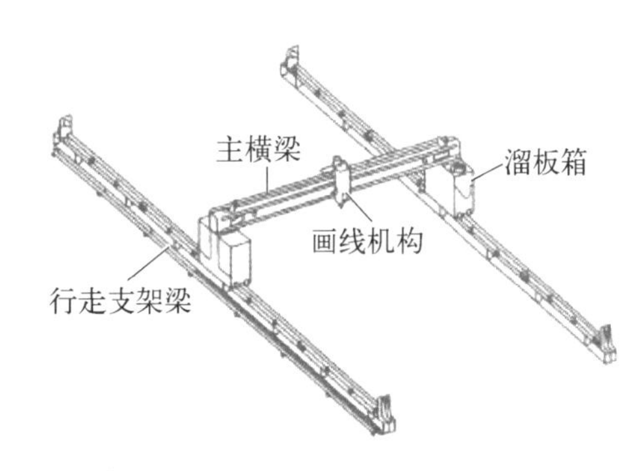

图0－4－16　划线机

（5）混凝土空中运输车

混凝土空中运输车是将搅拌站内搅拌好的混凝土材料输送给布料机，其应具备带坡度运输能力，无缝对接混凝土搅拌站和生产线，实现全自动化运行。在运转中如遇到异常情况时，应按急停按钮，先停机检查，排除故障后方可继续使用。

混凝土空中运输车工作过程中，严禁用手或工具伸入旋转筒中扒料、出料。禁止料斗超载。

人员在高空对设备进行维修或其他作业时，必须停止高空其他设备工作，谨防被其他设备撞伤。每班工作结束后关闭电源，清洗筒体。

（6）布料机

布料机为混凝土浇筑布料的设备，能够高效、优质地生产出装配式建筑所需的各种预制构件。

布料机(提吊式)：可使用无线遥控及控制面板对设备进行控制，可采用横向或纵向的布料方式，用液压多闸门式放料控制，采用星形轴定量下料。

图0-4-17　混凝土空中运输车

图0-4-18　布料机(提吊式)

布料机(行走式)：由钢结构机架、纵向及横向走行机构、混凝土料斗、液压系统、电气控制系统等组成。料斗容积不应小于 2.0 m^3；走行速度、布料速度均可方便调整；通常采用螺旋式布料方式，可适应不同塌落度混凝土，下料量可控，落料均匀；各螺旋布料口可独立控制；料斗上安装有辅助落料振动电机，料斗内应设置搅拌轴，可防止物料离析；断电情况下可手动开启料仓，防止物料在料仓内凝结；布料机应设置紧急制动装置。

图0-4-19　布料机(行走式)

在布料机工作时，禁止打开筛网。作业时，严禁用手或工具伸入料斗中扒料、出料。禁止料斗违规超载；每班工作结束后关闭电源，清洗料斗。

（7）振动台

振动台是用来振捣模具内的混凝土，充分保障混凝土内部结构密实，从而达到设计强度。通常由振动座、弹性减振垫、升降支撑装置、升降驱动装置、锁紧机构、电气控制系统等组成。

模台振动时，禁止人站在模台上工作，与振动体保持距离。禁止在模台停稳之前启动振动电机，禁止在振动启动时进行除振动量调节之外的其他动作。

振动台工作时，作业人员和附近工人要佩戴耳塞等防护用品，做好听力安全防护，防止振动噪声造成听力损伤。

图0-4-20　振动台

(8) 赶平机

赶平机用于在构件初凝后将构件表面赶平处理，除掉多余的混凝土，保证构件表面的质量。由钢结构机架、走行机构、赶平机构、提升机构、电气控制系统等组成。

振动板在下降的过程中，任何人员不得再在振动板下部作业。振动赶平机在升降过程中，操作人员不得将手放入连杆和固定杆之间的夹角中，避免夹伤。作业时，注意不得将振动赶平机作业杆降至与模台抱死的状态。

除操作人员外，工作时禁止闲人进入振动赶平机作业范围。

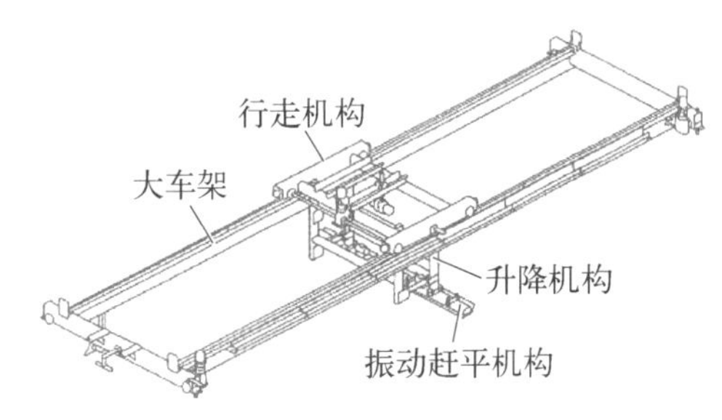

图0-4-21　赶平机(行走式)

(9) 拉毛机

拉毛机主要是用于叠合楼板表面的拉毛处理。由钢支架、升降机构、拉毛机构、电气控制系统组成。

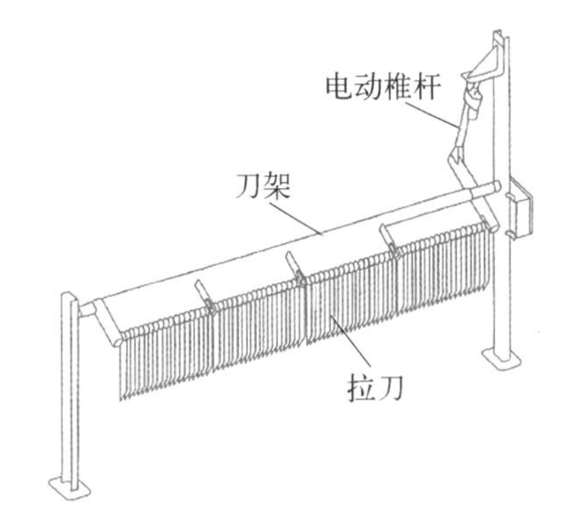

图0-4-22　拉毛机

拉毛机应严格按照操作流程规定的先后顺序进行操作。拉毛机作业时，严禁用手或工具接触拉刀。工作前，先行调试拉刀下降装置。根据预制构件的厚度不同，设置不同的下降量，保证拉刀与混凝土面的合理角度。禁止闲杂人员进入作业范围内。

(10) 抹光机

抹光机主要是用于构件初凝后将构件表面抹平，保证构件表面的光滑。由钢结构机架、走行机构、抹光装置、提升机构、电气控制系统等组成。

开机前，应检查升降焊接体与电动葫芦连接是否可靠。作业前，应检查抹盘连接是否牢固，避免旋转时圆盘飞出。抹光作业时，禁止闲杂人员进入设备作业范围。

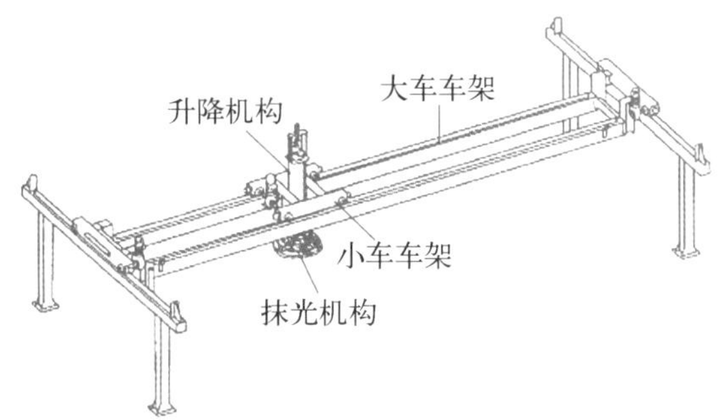

图0－4－23　抹光机

(11) 养护窑

养护窑用于预制构件静置养护。由窑体、蒸汽系统、散热管路系统、温湿度控制系统等组成。蒸养室数量和通道数量根据生产线的生产工艺要求设置。窑体是由型钢组合成框架，框架上安装有托轮，托轮为模块化设计。

窑体外墙用保温材料拼合而成，每列构成独立的养护空间，可分别控制各列的温度。根据布置在立体养护窑内温度传感器和湿度传感器，采集的不同位置的温湿度信号，自动调节蒸养阀门，实现对立体养护窑内温度、湿度的监测及调节功能。

图0－4－24　养护窑

操作前，应检查立体养护窑的汽路和水路是否正常。养护窑开关门动作与模台行进的动作是否实现互锁保护。检修时，请做好照明及安全防护，防止跌落。

养护作业时，禁止闲杂人员靠近养护窑。

(12) 翻板机

翻板机主要是墙板垂直脱模的设备，由翻转装置、托板保护机构、电气控制系统、液压控制系统组成。

图0-4-25　翻板机

翻转臂同步运行将模台水平翻转，便于混凝土制品竖直起吊。拆除边模后的模台通过滚轮架线输送到达翻转工位，模具锁死装置固定模台，托板保护机构移动托住制品底边，翻转油缸顶伸，翻转臂开始翻转，翻转角度达到时，停止翻转，制品被竖直吊走，翻转模板复位。

翻板机工作前，应检查翻板机的操作指示灯、夹紧机构、限位传感器等安全装置工作是否正常。侧翻前务必保证夹紧机构和顶紧油缸将模台固定可靠。翻板机工作过程中，侧翻区域严禁站人，严禁超载运行。

(13) 码垛机

码垛机用于完成模台及构件在立体养护窑内的存取。由走行系统、框架结构、提升系统、托板输送架、取/送模机构、锁定装置、纵向定位机构、横向定位机构、电气系统等组成。

码垛机单个存取周期(行走、提升、存取)应满足生产线节拍要求。

码垛机工作时，地面围栏范围内严禁站人，防止被撞和被压而发生人身安全事故。

操作机器务必确保操作指示灯、限位传感器等安全装置工作正常。重点检查钢丝绳有无断丝、扭结、变形等安全隐患。在码垛机顶部检修时，需做好安全防护，防止跌落。

严禁超载运行。

图0-4-26　码垛机

(14) 模台横移车

模台横移车由分体车、液压控制系统及电气控制系统组成。每个分体车由坚固的型钢焊接结构、走行机构、升降机构、定位机构组成。

模台横移车负载运行时，前后严禁站人。运行轨道上有混凝土或其他杂物时，禁止横移车运行。除操作人员外，工作时禁止他人进入横移车作业范围。

两台横移车不同步时，需停机调整，禁止两台横移车在不同步情况下运行。

必须严格按规定的先后顺序进行操作。

图0-4-27　模台横移车

（15）导向轮、驱动轮及感应防撞装置

导向轮、驱动轮及感应防撞装置共同构成流水线的模台循环系统，用于保证模台的平稳动作。

图0-4-28　导向轮、驱动轮

导向轮由钢底座和滚轮组件组成。

驱动轮由减速电机、摩擦轮及减速机座组成，摩擦轮材质为耐磨橡胶，应具有较高的摩擦力和耐磨性。

在流水线工作时，操作人员禁止站在导向轮、驱动轮导向方向进行操作。

勿让导向轮承受非操作范围内的应力，单个导向轮承受到的重量不能超过其承载能力。驱动模台前检查驱动轮减速箱内是否有润滑油，模台行走时不得有其他外力助推。

每班次收工后，需清扫干净驱动轮上的污物。

（16）中央控制系统

中央控制系统主要由视频监控系统（电视墙及监控电脑），流水线控制系统，码垛车操作系统，养护窑操作系统，以及生产管理系统等组成。

3. 预应力生产线设备

预应力生产线设备主要由预应力钢筋的张拉设备、长线模台、移动式清理喷涂一体机、移动式布料机、移动式覆膜机及设备摆渡车组成。

图0-4-29　移动式布料机（地面形式）

图0-4-30　移动式布料机（轨道加高形式）

图0-4-31　清理喷涂一体机

图0-4-32　覆膜搓平拉毛一体机

图0-4-33　设备摆渡车

图0-4-34　张拉机

长线模台的宽度可根据构件类型设置为 0.6 m～4 m，长度为 60 m～120 m，预应力钢筋张拉设备宜为 20 t～300 t。

0.4.5　吊装运输设备

1. 吊装设备

为满足预制构件的生产需求，生产车间内通常每条生产线配 2～3 台龙门吊或桥式起重机，每台龙门吊配 10 t、5 t 的吊钩。

室外堆场内，每跨工作单元配 1～2 台 10 t 桁吊，每台龙门吊配 10 t、5 t 的吊钩。

吊具：根据不同预埋件类型，选择不同的接驳器。例如：叠合梁预埋吊环、楼梯预埋内螺纹、墙板预埋吊钉时，就需要选择吊钩、内螺旋接驳器、吊钉接驳器等配套的专用吊具。

为使起吊时预制构件不受损坏，一般需要使用起重吊梁（扁担梁）辅助吊装运作业。

图0-4-35　车间桥式起重机

2. 运输设备

根据预制构件存放方式的不同分为立式存

放、水平叠放。在构件运输时要根据构件存放方式的不同,选择不同的运输设备。

墙板采用立式运输,车间内选择专用构件转运车或改装平板运输车,平板之上放置墙板固定支架。

叠合板及楼梯采用水平运输,采用转运小车即可满足转运要求。

图0-4-36 模台横移车

图0-4-37 叉车

叉车是预制构件生产中不可缺少的运输设备。叉车可以进行叠合板及楼梯、半成品与成品钢筋、小型设备的转运。一般选择承载能力 5~10 t的叉车即可满足生产需求。

预制构件转运车在作业时,严禁将手或工具伸入转运车轮子下面。构件转运车的轨道或行进道路上不得有障碍物。除操作人员外,禁止他人在工作时间进入转运车作业范围内。

注意装载构件后的车辆高度,不得超出车间进出门的限高。

运输时应遵循不超早、不超速行驶等安全运输的要求。

预制构件成品运输时,常采用成品运输车。成品运输车主要用于预制构件的厂外运输,在运输前,应检查车辆是否能够正常行驶,构件放置时应严格按照规范要求进行堆放,并附有保护措施。

图0-4-38 成品运输车

0.4.6 工装机具设备

预制构件生产中常用的工装材料有用于钢筋连接的灌浆套筒，用于连接、固定灌浆套筒与预制构件模具的固定件，用于固定预制构件模具的定位销钉，用于堵塞模具孔洞的堵孔塞，与套筒配套、方便灌浆的注浆波纹管，用于连接预制外、内墙体的连结件，用于预制构件吊装的预埋吊钉、吊环，用于固定模台模具固定的磁盒等。为保证工装机具的质量，需要由专业的生产人员采用专业生产设备进行生产、加工及制作。

本章小结

本章主要讲述了装配式建筑基本概念、装配式混凝土结构建筑技术体系、装配式混凝土建筑常用预制构件种类、装配式混凝土构件生产工艺和生产设备。通过本章学习，能够判断装配式混凝土结构类型，并根据结构类型选择装配式混凝土建筑常用预制构件种类。

思考题

1. 预制构件生产线可以分为哪几类?
2. 常用的预制构件的种类有哪些?
3. 预制构件工厂的钢筋加工设备主要有哪些?
4. 装配式混凝土结构技术体系有哪些?
5. 全灌浆套筒与半灌浆套筒有什么区别?

项目一

装配整体式混凝土框架结构构件生产

◆ 知识目标

(1) 掌握预制混凝土叠合板、框架柱、叠合梁、楼梯生产工艺；

(2) 掌握预制混凝土叠合板、框架柱、叠合梁、楼梯生产质量标准。

◆ 能力目标

(1) 根据实际工程进行预制混凝土构件生产准备；

(2) 根据施工图、相关标准图集等资料制定预制混凝土构件生产方案；

(3) 正确使用检测工具对预制混凝土构件生产质量进行检查验收。

预测混凝土叠合板制作

任务一 预制混凝土叠合板生产

学习目标

通过本任务的学习和实训，主要掌握：

(1) 根据工程实际合理进行预制混凝土叠合板生产准备；

(2) 预制混凝土叠合板生产工艺；

(3) 正确使用检测工具对预制混凝土叠合板生产质量进行检查验收。

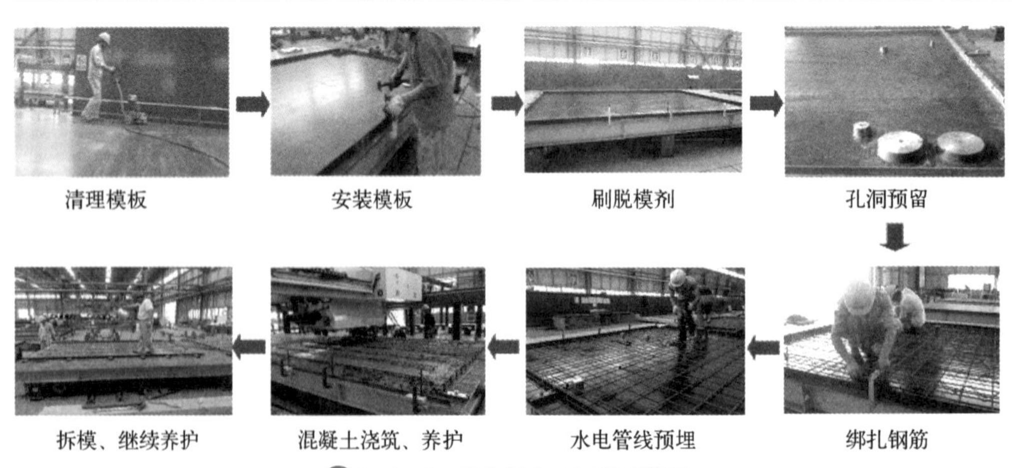

图1-1-1 叠合板生产工艺流程图

1.1.1　生产任务

某项目叠合板底板，按《桁架钢筋混凝土叠合板(60 mm 厚底板)》(15G366－1)图集选用，编号为 DBS2－67－3012－11，钢筋桁架编号 A80。混凝土强度等级为 C30，使用强度等级为 42.5 的普通硅酸盐水泥，设计配合比为 1∶1.4∶2.6∶0.55(其中水泥用量为 429 kg)，现场砂含水率为 2%，石子含水率为 3%。

1.1.2　生产准备

叠合板基础知识

1. 技术准备

预制构件的生产图纸是在原装配式建筑的设计基础上会同设计、生产、施工各方协同进行的二次工厂生产设计，形成每个预制构件的生产详图，要绘制出总的构件平面布置图、各个预制构件的设计制作图，形成预制混凝土叠合板生产任务单(表 1－1－1)，以达到指导预制构件生产的目的和要求。

在预制构件生产前，应由建设单位组织，设计单位、预制构件生产单位、监理单位和施工单位一起，对设计图纸进行交底，并详细记录设计交底的具体内容。设计交底的内容应包括：讲解图纸的设计要求及质量控制点，并进行现场答疑；提出预制构件生产时质量检验的程序和内容；列出详细的质量检验点。

表 1－1－1　预制混凝土叠合板生产任务单

工程名称：

构件编号		规　格	DBS2－67－3012－11	净尺寸	
砼标号	C30	砼体积(m^3)		重量(t)	
模板图 配筋图 钢筋表 					

工程名称按照生产任务合同填写，构件编号根据各生产厂家规则进行编号，便于辨认。待叠合板从养护窑出来后应使用醒目的标志(毛笔书写或者喷漆等)按照表头的工程名称和构件编号准确、清楚的写在叠合板上，便于后期查找。

规格即叠合板编号 DBS2－67－3012－11。在叠合板平面布置图中，所有叠合板板块应逐一进行编号，相同编号的板块可择其一做集中标注，其他仅注写置于圆圈内的板编号。

➢ **问题**：DBS2－67－3012－11 代表什么含义？净尺寸是多少？

叠合板按具体受力状态，分为单向受力叠合板和双向受力叠合板。《混凝土结构设计规范(2015 版)》(GB 50010—2010)第 9.1.1 条规定：

混凝土板按下列原则进行计算：

(1) 两对边支承的板应按单向板计算；

(2) 四边支承的板应按下列规定计算：

① 当长边与短边长度之比不大于 2.0 时，应按双向板计算；

② 当长边与短边长度之比大于 2.0，但小于 3.0 时，宜按双向板计算；

③ 当长边与短边长度之比不小于 3.0 时，宜按沿短边方向受力的单向板计算，并应沿长边方向布置构造钢筋。

《装配式混凝土结构技术规程》(JGJ 1—2014)第 6.6.3 条规定：

叠合板可根据预制板接缝构造、支座构造、长宽比按单向板或双向板设计。当预制板之间采用分离式接缝(图 1－1－2a)时，宜按单向板设计。对长宽比不大于 3 的四边支承叠合板，当其预制板之间采用整体式接缝(图 1－1－2b) 或无接缝(图 1－1－2c)时，可按双向板设计。

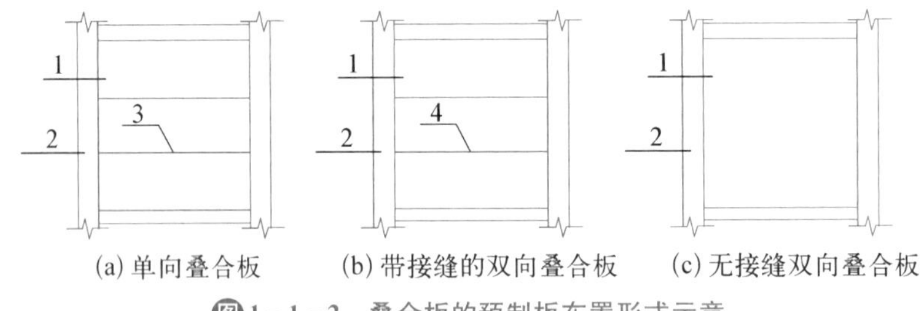

图 1－1－2　叠合板的预制板布置形式示意

1—预制板；2—梁或墙；3—板侧分离式接缝；4—板侧整体式接缝

按预制底板有无外伸钢筋分为“有胡子筋”叠合板和“无胡子筋”叠合板。按拼缝连接方式可分为分离式接缝(即底板间不拉开的“密拼”)和整体式接缝(底板间有后浇混凝土带)。

预制底板按照受力钢筋种类可分为预制混凝土底板和预制预应力混凝土底板。预制混凝土底板采用非预应力钢筋时，为增强板的刚度目前多采用桁架钢筋混凝土底板。

《装配式混凝土结构技术规程》(JGJ 1—2014)第 6.6.2 条规定：

叠合板应按现行国家标准《混凝土结构设计规范》(GB 50010—2020)进行设计，并应符合下列规定：叠合板的预制板厚度不宜小于 60 mm，后浇混凝土叠合层厚度不应小于 60 mm；当叠合板的预制板采用空心板时，板端空腔应封堵；跨度大于 3 m 的叠合板，宜采用桁架钢筋混凝土叠合板；跨度大于 6 m 的叠合板，宜采用预应力混凝土预制板；板厚大于 180 mm 的叠合板，宜采用混凝土空心板。

第 6.6.7 条规定桁架钢筋混凝土叠合板应满足下列要求：桁架钢筋应沿主要受力方向布置；桁架钢筋距板边不应大于 300 mm，间距不宜大于 600 mm；桁架钢筋弦杆钢筋直径不宜小于 8 mm，腹杆钢筋直径不应小于 4 mm；桁架钢筋弦杆混凝土保护层厚度不应小于 15 mm。

图集《桁架钢筋混凝土叠合板(60 mm 厚底板)》(15G366－1)中列出了桁架钢筋混凝土叠合板底板的编号规则如下：

① 双向叠合板用底板编号

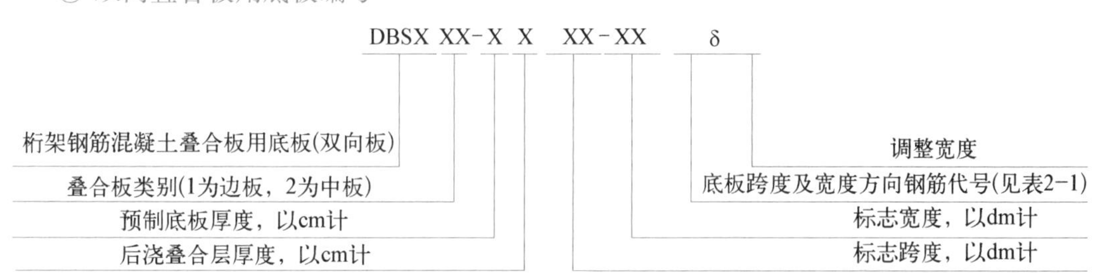

例如:底板编号 DBS1－67－3620－31,表示双向受力叠合板用底板,拼装位置为边板(三边支撑在支座上的板为边板,如图 1－1－3 中 B1、B3 所示),预制底板厚度为 60 mm,后浇叠合层厚度为 70 mm,预制底板的标志跨度为 3600 mm,预制底板的标志宽度为 2000 mm,底板跨度方向配筋为Φ 10@200,底板宽度方向配筋为Φ 8@200。

底板编号 DBS2－67－3620－31,表示双向受力叠合板用底板,拼装位置为中板(对边支撑在支座上的板为中板,如图 1－1－3 中 B2 所示),预制底板厚度为 60 mm,后浇叠合层厚度为 70 mm,预制底板的标志跨度为 3600 mm,预制底板的标志宽度为 2000 mm,底板跨度方向配筋为Φ 10@200,底板宽度方向配筋为Φ 8@200。

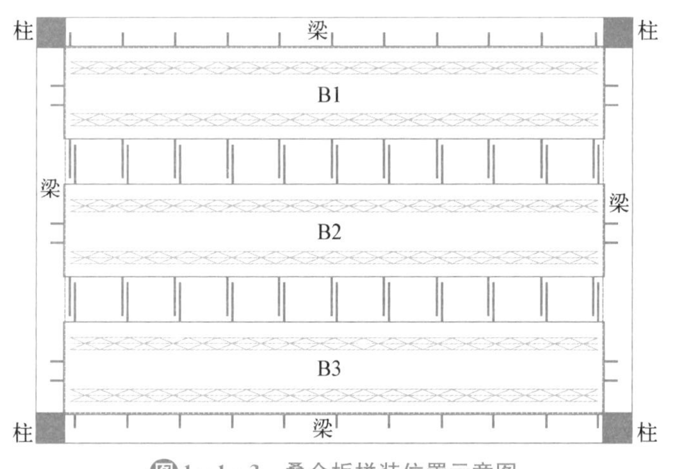

图 1－1－3　叠合板拼装位置示意图

表 1－1－2　底板跨度、宽度方向钢筋代号组合表

编号　跨度方向钢筋 宽度方向钢筋	Φ 8@200	Φ 8@150	Φ 10@200	Φ 10@150
Φ 8@200	11	21	31	41
Φ 8@150		22	32	42
Φ 8@100				43

② 双向叠合板用底板标志跨度、标志宽度和拼缝

双向板底板安装时,应合理调整安装方向保证接缝处钢筋相互错开。

标志跨度(宽度)指支座中线到支座中线的距离。

实际跨度(宽度)指实际生产出来的板的跨度和宽度。

从图 1-1-4 中可以看出，叠合板距离支座中线为 90 mm，板与板之间拼接，每块板距离拼缝定位线为 150 mm，所以：

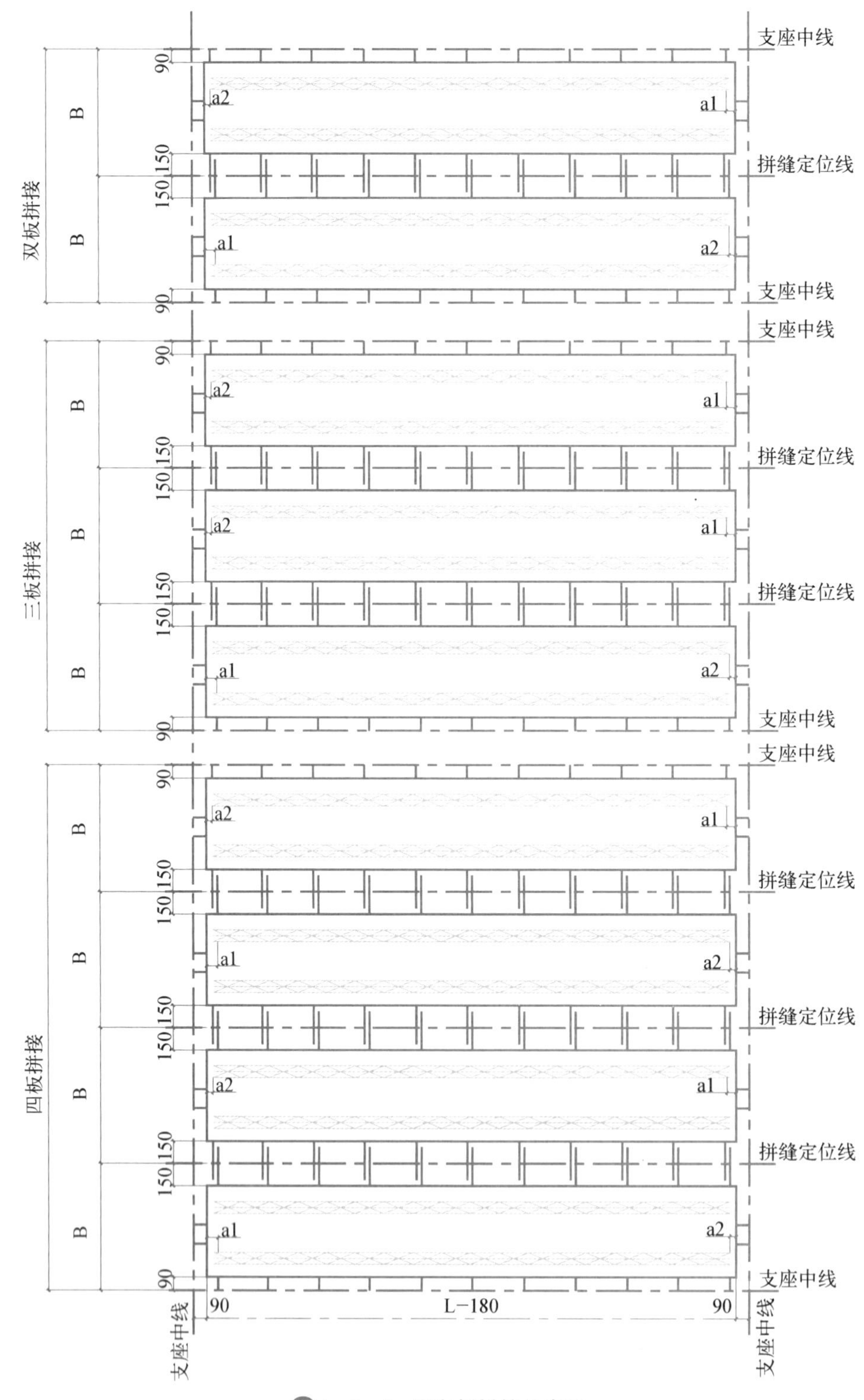

图1-1-4　双向板拼接示意图

实际跨度＝标志跨度－90×2(mm)
实际宽度(边板)＝标志宽度－90－150(mm)
实际宽度(中板)＝标志宽度－150－150(mm)

➤ **问题**:请写出 DBS2－67－3012－11 表示的含义？净尺寸是多少？

答案:底板编号 DBS2－67－3612－11,表示双向受力叠合板用底板,拼装位置为中板,预制底板厚度为 60 mm,后浇叠合层厚度为 70 mm,预制底板的标志跨度为 3000 mm,实际跨度为 2820 mm,预制底板的标志宽度为 1200 mm,实际宽度为 900 mm,底板跨度方向配筋为Φ 8@200,底板宽度方向配筋为Φ 8@200。

净尺寸:宽度:1200－150－150＝900 mm,跨度:3 000－90－90＝2820 mm

➤ **思考**:模板净尺寸是多少?

表 1－1－3 双向板底板宽度

标志宽度(mm)	1200	1500	1800	2000	2400
边板实际宽度(mm)	960	1260	1560	1760	2160
中板实际宽度(mm)	900	1200	1500	1700	2100

表 1－1－4 双向板底板跨度

标志跨度(mm)	3000	3300	3600	3900	4200	4500
实际跨度(mm)	2820	3120	3420	3720	4020	4320
标志跨度(mm)	4800	5100	5400	5700	6000	
实际跨度(mm)	4620	4920	5220	5520	5820	

③ 单向叠合板用底板编号

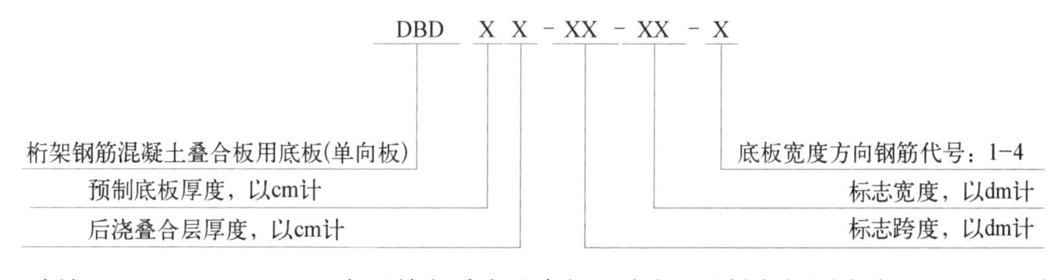

例如:DBD67－3620－2,表示单向受力叠合板用底板,预制底板厚度为 60 mm,后浇叠合层厚度为 70 mm,预制底板的标志跨度为 3600 mm,预制底板的标志宽度为 2000 mm,底板跨度方向配筋为Φ 8@150。

表 1－1－5 钢筋代号表

代　号	1	2	3	4
受力钢筋规格及间距	Φ 8@200	Φ 8@150	Φ 10@200	Φ 10@150
分布钢筋规格及间距	Φ 6@200	Φ 6@200	Φ 6@200	Φ 6@200

表 1-1-6　单向板底板宽度

标志宽度(mm)	1200	1500	1800	2000	2400
实际宽度(mm)	1200	1500	1800	2000	2400

表 1-1-7　单向板底板跨度

标志跨度(mm)	2700	3000	3300	3600	3900	4200
实际跨度(mm)	2520	2820	3120	3420	3720	4020

因为是按照图集 15G366-1 选用叠合板型号，所以，可以直接从图集 32 页查到宽1200 双向板底板中板模板及配筋图，如图 1-1-5 所示。

2. 材料准备

原材料与验收规范相关规定

预制构件工厂内的原材料应有详细的入库与出库记录，并按照原材料的存放要求进行正确存放。用于预制构件生产的各类原材料采购及产品质量应满足国家规范的要求，原材料进厂后应进行进场检验，检验合格后方可投入预制构件的生产中，不合格的原材料不得投入生产并履行退场手续。

混凝土是以胶凝材料(水泥等)、骨料(石子、砂子)、水、外加剂(减水剂、引气剂、缓凝剂等)，按适当比例配合，经过均匀拌制、密实成形及养护硬化而成的人工石材。预制构件工厂通常设置专用混凝土搅拌站，也可采用商品混凝土。

表 1-1-8　混凝土各组成原材料用量表

工程名称：

构件编号		规　格	DBS2-67-3012-11	净尺寸	
砼标号	C30	砼体积(m^3)		水泥品种	
实验室配合比					
砂含水率			石子含水率		
施工配合比					
每 m^3 混凝土各组成材料用量(kg)					
水泥		砂子		石子	
水					

混凝土工作性能指标应根据预制构件产品特点和生产工艺确定，混凝土配合比设计应符合国家现行标准《普通混凝土配合比设计规程》(JGJ 55—2011)和《混凝土结构工程施工规范》(GB 50666—2011)的有关规定。

(1) 混凝土配合比计算

混凝土配合比设计

混凝土强度等级为 C30，使用强度等级为 42.5 的普通硅酸盐水泥，设计配合比为 1∶1.4∶2.6∶0.55(其中水泥用量为 429 kg)，设计配合比 1 m^3 混凝土各组成材料的用量分别为：

m_c=429 kg，m_s=602 kg，m_g=1115 kg，m_w=236 kg

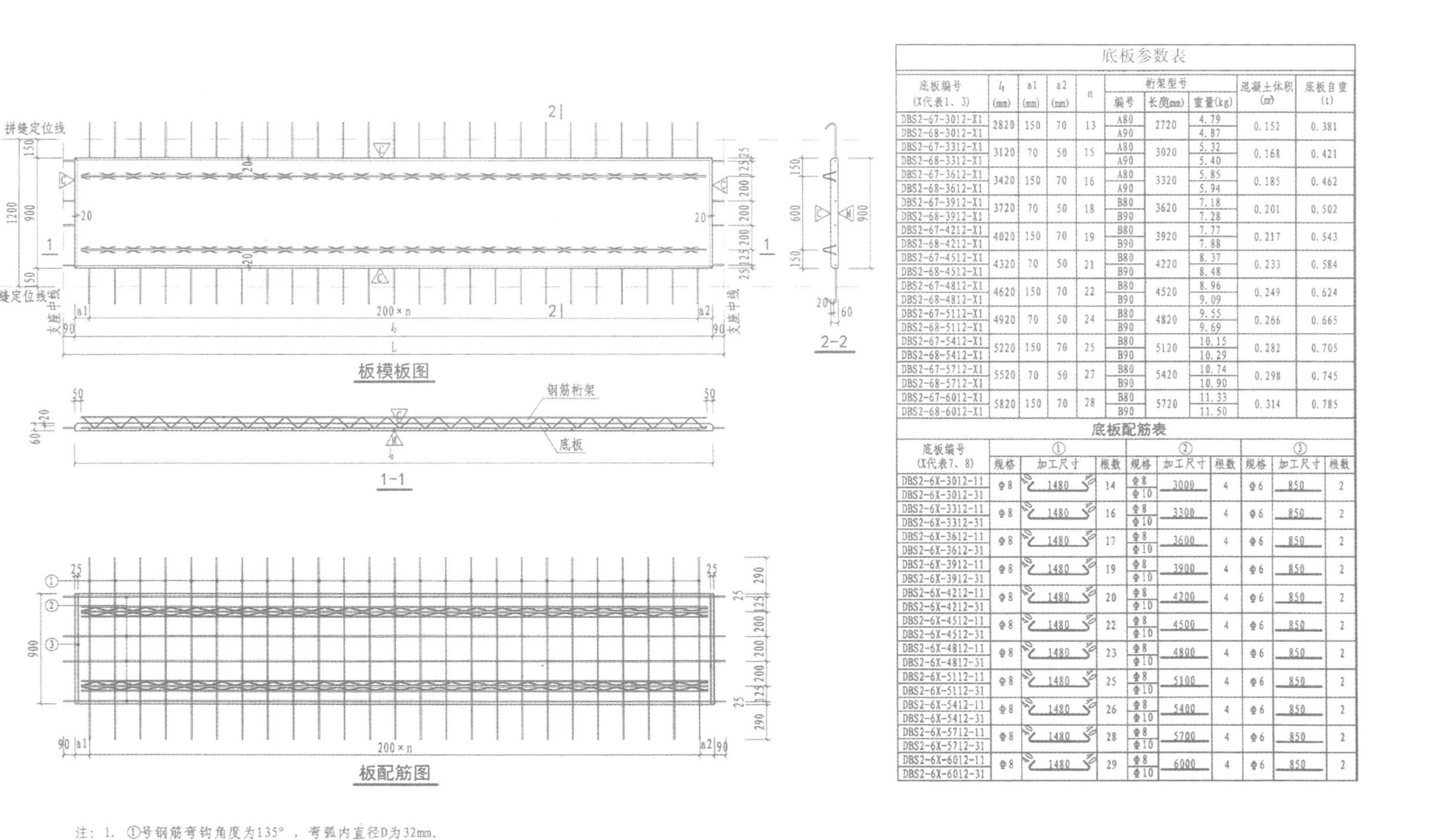

底板参数表

底板编号 (X代表1、3)	l_0 (mm)	a1 (mm)	a2 (mm)	n	桁架型号 编号	长度(mm)	重量(kg)	混凝土体积 (m³)	底板自重 (t)
DBS2-67-3012-X1	2820	150	70	13	A80	2720	4.79	0.152	0.381
DBS2-68-3012-X1					A90		4.87		
DBS2-67-3312-X1	3120	70	50	15	A80	3020	5.32	0.168	0.421
DBS2-68-3312-X1					A90		5.40		
DBS2-67-3612-X1	3420	150	70	16	A80	3320	5.85	0.185	0.462
DBS2-68-3612-X1					A90		5.94		
DBS2-67-3912-X1	3720	70	50	18	B80	3620	7.18	0.201	0.502
DBS2-68-3912-X1					B90		7.28		
DBS2-67-4212-X1	4020	150	70	19	B80	3920	7.77	0.217	0.543
DBS2-68-4212-X1					B90		7.88		
DBS2-67-4512-X1	4320	70	50	21	B80	4220	8.37	0.233	0.584
DBS2-68-4512-X1					B90		8.48		
DBS2-67-4812-X1	4620	150	70	22	B80	4520	8.96	0.249	0.624
DBS2-68-4812-X1					B90		9.09		
DBS2-67-5112-X1	4920	70	50	24	B80	4820	9.55	0.266	0.665
DBS2-68-5112-X1					B90		9.69		
DBS2-67-5412-X1	5220	150	70	25	B80	5120	10.15	0.282	0.705
DBS2-68-5412-X1					B90		10.29		
DBS2-67-5712-X1	5520	70	50	27	B80	5420	10.74	0.298	0.745
DBS2-68-5712-X1					B90		10.90		
DBS2-67-6012-X1	5820	150	70	28	B80	5720	11.33	0.314	0.785
DBS2-68-6012-X1					B90		11.50		

底板配筋表

底板编号 (X代表7、8)	① 规格	① 加工尺寸	① 根数	② 规格	② 加工尺寸	② 根数	③ 规格	③ 加工尺寸	③ 根数
DBS2-6X-3012-11	⌀8	1480	14	⌀8	3000	4	⌀6	850	2
DBS2-6X-3012-31				⌀10					
DBS2-6X-3312-11	⌀8	1480	16	⌀8	3300	4	⌀6	850	2
DBS2-6X-3312-31				⌀10					
DBS2-6X-3612-11	⌀8	1480	17	⌀8	3600	4	⌀6	850	2
DBS2-6X-3612-31				⌀10					
DBS2-6X-3912-11	⌀8	1480	19	⌀8	3900	4	⌀6	850	2
DBS2-6X-3912-31				⌀10					
DBS2-6X-4212-11	⌀8	1480	20	⌀8	4200	4	⌀6	850	2
DBS2-6X-4212-31				⌀10					
DBS2-6X-4512-11	⌀8	1480	22	⌀8	4500	4	⌀6	850	2
DBS2-6X-4512-31				⌀10					
DBS2-6X-4812-11	⌀8	1480	23	⌀8	4800	4	⌀6	850	2
DBS2-6X-4812-31				⌀10					
DBS2-6X-5112-11	⌀8	1480	25	⌀8	5100	4	⌀6	850	2
DBS2-6X-5112-31				⌀10					
DBS2-6X-5412-11	⌀8	1480	26	⌀8	5400	4	⌀6	850	2
DBS2-6X-5412-31				⌀10					
DBS2-6X-5712-11	⌀8	1480	28	⌀8	5700	4	⌀6	850	2
DBS2-6X-5712-31				⌀10					
DBS2-6X-6012-11	⌀8	1480	29	⌀8	6000	4	⌀6	850	2
DBS2-6X-6012-31				⌀10					

注：1. ①号钢筋弯钩角度为135°，弯弧内直径D为32mm。
2. ②号钢筋位于①号钢筋上层，桁架下弦钢筋与②号钢筋同层。
3. 倒角尺寸大样见本图集第81页。
4. 吊点位置及附加钢筋见本图集第67页～80页。

图1-1-5　宽1200双向板底板中板模板及配筋图

现场砂含水率为 2%，石子含水率为 3%，施工配合比为

$m'_c=429$ kg

$m'_s=602(1+0.02)=614$ kg

$m'_g=1115(1+0.03)=1148$ kg

$m'_w=236-602\times0.02-1115\times0.03=191$ kg

(2) 混凝土工程量

工程量均按照图示实体体积以 m^3 计，不扣除构件内钢筋、铁件及小于 300 mm×300 mm以内孔洞体积。空心板的孔洞体积应扣除。

表 1-1-9　预制钢筋混凝土构件制作、运输、安装损耗率

名　称	制作废品率	运输堆放损耗率	安装(打桩)损耗率
各类预制构件	0.2%	0.8%	0.5%
预制钢筋混凝土桩	0.1%	0.4%	1.5%

混凝土预制构件制作工程量＝预制构件图示实体体积×(1+1.5%)

叠合板底板 DBS2-67-3012-11 板厚 60 mm，根据图 1-1-5 中板模板图计算其体积为

长×宽×厚＝(3000－90－90)×(1200－150－150)×60＝0.152 m^3

查表 1-1-9，混凝土预制构件制作工程量＝0.152×(1+1.5%)＝0.154 m^3

(3) 混凝土各组成材料用量

水泥用量 429×0.154＝66.07 kg

砂子用量 614×0.154＝94.59 kg

石子用量 1148×0.154＝176.79 kg

水的用量 191×0.154＝29.41 kg

预制构件采用的钢筋和钢材应符合设计要求；热轧光圆钢筋和热轧带肋钢筋应符合现行国家标准《钢筋混凝土用钢第 1 部分：热轧光圆钢筋》(GB/T 1499.1—2017)和《钢筋混凝土用钢第 2 部分：热轧带肋钢筋》(GB/T 1499.2—2018)的规定；预应力钢筋应符合现行国家标准《预应力混凝土用螺纹钢筋》(GB/T 20065—2016)、《预应力混凝土用钢丝》(GB/T 5223—2014)和《预应力混凝土用钢绞线》(GB/T 5224—2014)的规定；钢筋焊接网片应符合现行国家标准《钢筋混凝土用钢第 3 部分：钢筋焊接网》(GB/T 1499.3—2010)的规定；钢材宜采用 Q235、Q345、Q390、Q420 钢；当有可靠的依据时，也可采用其他型号钢材；吊环应采用未经冷加工的 HPB300 级钢筋制作。吊装用内埋式螺母、吊杆及配套吊具，应根据相应的产品标准和设计规定选用。

表 1-1-10　钢筋选用单

工程名称：

构件编号		规　格	DBS2-67-3012-11	净尺寸	
钢筋型号					
钢筋级别			重量		

续　表

钢筋级别			重量		
钢筋级别			重量		
钢筋下料单					

查看图 1-1-5 所示 DBS2-67-3012-11 板配筋图、模板图及底板参数表。

从板配筋图中可以看出，板中有编号为①②③钢筋。

其中，①号钢筋沿跨度方向分布，配筋为Φ8@200，钢筋从板距左边 a1=150 mm 开始放第一根，最后一根距离板最右边 a2=70 mm。①号钢筋每边出板边长度为 290 mm，两端带 135°弯钩(2-2 剖面图所示)，弯钩内直径 D 为 32 mm，从底板参数表中可以查到，a1=150 mm，a2=70 mm。

①号钢筋长度为 l_1=900+290+290=1480 mm，弯钩长度 60-10-10=40 mm，总长：1480+40+40=1560 mm。

①号钢筋根数　$n=\dfrac{3000-90-90-150-70}{200}+1=14$(根)

②号钢筋沿底板宽度方向分布，配筋为Φ8@200，距板边 25 mm 开始放第一根钢筋，间隔 125 mm 放第一根桁架筋，间隔 200 mm 放第二根钢筋，再间隔 200 mm 放第三根钢筋，再间隔 200 mm 放第二根桁架筋，最后间隔 125 mm 放第四根钢筋(距离板边 25 mm)。从板配筋图中可以看出，②号钢筋长度是从支座中线到支座中线，即板的跨度，两端不带弯钩(1-1剖面图所示)。

②号钢筋长度 l_2=3000 mm，直钢筋，共 4 根。

③号钢筋为板边封边钢筋，Φ6，分布在板的两端，共 2 根，每根距板边 25 mm。保护层厚度取 25 mm，③号钢筋长度 l_3=900-25-25=850 mm，直钢筋不带弯钩。

钢筋具体信息可以从图 1-1-5 中钢筋配筋表中查到。

<table>
<tr><th colspan="10">底板配筋表</th></tr>
<tr><th rowspan="2">底板编号
(X代表 7、8)</th><th colspan="3">①</th><th colspan="3">②</th><th colspan="3">③</th></tr>
<tr><th>规格</th><th>加工尺寸</th><th>根数</th><th>规格</th><th>加工尺寸</th><th>根数</th><th>规格</th><th>加工尺寸</th><th>根数</th></tr>
<tr><td>DBS2-6X-3012-11</td><td rowspan="2">Φ8</td><td rowspan="2">40 1480 40</td><td rowspan="2">14</td><td>Φ8</td><td rowspan="2">3000</td><td rowspan="2">4</td><td rowspan="2">Φ6</td><td rowspan="2">850</td><td rowspan="2">2</td></tr>
<tr><td>DBS2-6X-3012-31</td><td>Φ10</td></tr>
</table>

①号钢筋：14 根直径 8 mm 的三级钢，每根长度 40×2+1480=1560 mm。

②号钢筋：4 根直径 8 mm 的三级钢，每根长度 3 000 mm。

③号钢筋：2 根直径 6 mm 的三级钢，每根长度 850 mm。

8 mm 的三级钢 1560×14+3000×4=33840 mm。

6 mm 的三级钢 850×2=1700 mm。

配筋重量

表 1-1-11　常用钢筋的理论重量表

钢筋直径(mm)	理论质量(kg/m)	钢筋直径(mm)	理论质量(kg/m)
4	0.099	16	1.578
5	0.154	18	1.998
6	0.222	20	2.466
6.5	0.260	22	2.984
8	0.395	25	3.833
10	0.617	28	4.834
12	0.888	30	5.549
14	1.208	32	6.313

注:表中直径为 4 mm 和 5 mm 的钢筋在习惯上和定额中被称为“钢丝”

由表 1-1-11 查得,直径 6 mm 钢筋的理论重量为 0.222 kg/m,直径 8 mm 钢筋的理论重量为 0.395 kg/m。

直径 8 mm 的 HRB400 钢筋重量 33.840×0.395=13.37 kg。

直径 6 mm 的 HRB400 钢筋重量 1.7×0.222=0.38 kg。

钢筋桁架规格代号为 A80,上弦、下弦钢筋采用 HRB、400 钢筋、腹杆钢筋采用 HPB300 钢筋,应由专用焊接机械制造,腹杆钢筋与上、下弦钢筋的焊接采用电阻电焊。查表 1-1-12,桁架高度 80 mm,上弦钢筋为Ф 8 mm,下弦 2 根钢筋为Ф 8 mm,腹杆钢筋 ϕ6 mm,桁架每延米理论重量 1.76 kg/m,桁架筋长度 l=3000−90−90−50−50=2720 mm,2 根,每根桁架重量 2.72×1.76=4.79 kg。

表 1-1-12　钢筋桁架规格及代号

桁架规格代号	上弦钢筋公称直径(mm)	下弦钢筋公称直径(mm)	腹杆钢筋公称直径(mm)	桁架设计高度(mm)	桁架每延米理论重量(kg/m)
A80	8	8	6	80	1.76
A90	8	8	6	90	1.79
A100	8	8	6	100	1.82
B80	10	8	6	80	1.98
B90	10	8	6	90	2.01
B100	10	8	6	100	2.04

参照图集 81 页,钢筋桁架大样图如图 1-1-6 所示。

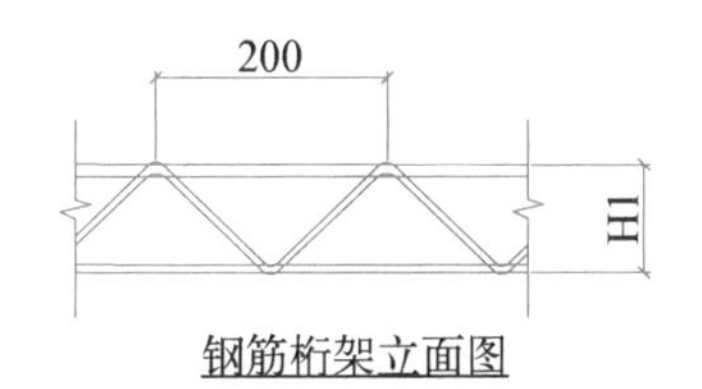

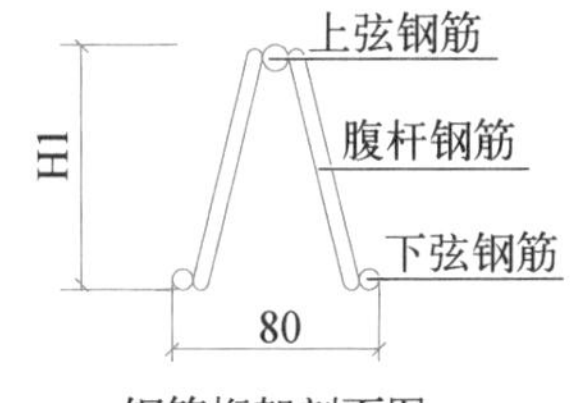

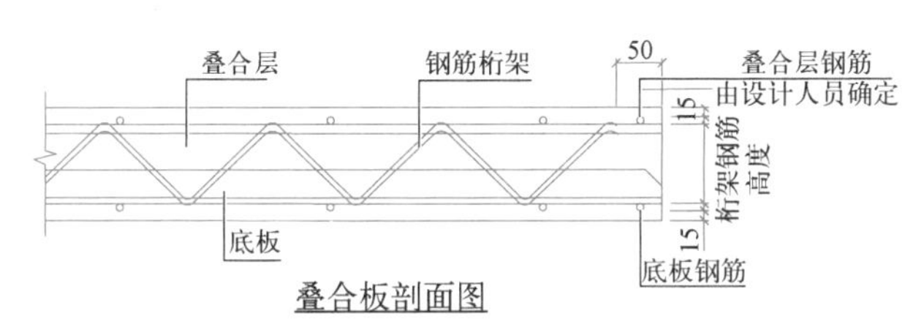

图 1-1-6　钢筋桁架详图

据此计算如下：

桁架中直径 8 mm 的 HRB400 钢筋 2720×3=8160 mm=8.16 m，总重 0.395×8.16=3.22 kg

桁架中直径 6 mm 的 HPB300 钢筋重量 4.79−3.22=1.57 kg。

叠合板中钢筋总用量：

直径 8 mm 的 HRB400 钢筋重量 13.37+3.22=16.59 kg。

直径 6 mm 的 HRB400 钢筋重量 0.38 kg。

直径 6 mm 的 HPB300 钢筋重量 1.57 kg。

3. 机具准备

所有生产设备调试完成，运转正常。

4. 模具准备

叠合板分为单向板(图 1-1-7)和双向板(图 1-1-8)，有两边出筋和四边出筋。

图1-1-7 单向板

图1-1-8 双向板

由图 1-1-5 板模板图所示，C 表示粗糙面，M 表示模板面。

叠合板模具设计应有足够的承载力、刚度和整体稳定性，方便组装与拆卸，方便钢筋安装和混凝土浇筑、养护，满足预留孔洞、插筋、预埋件的安装定位要求。一般根据叠合板的高度选用角钢作为边模。叠合板生产以钢模台为底模，钢筋网片通过侧模或端模的孔位出筋。钢制边模用专用的磁盒直接与底模吸附固定或通过工装固定，这种边模为普通边模(图 1-1-9)。模具安装完成后，内皮净宽度为 900 mm、净跨度(板长)为 2820 mm。

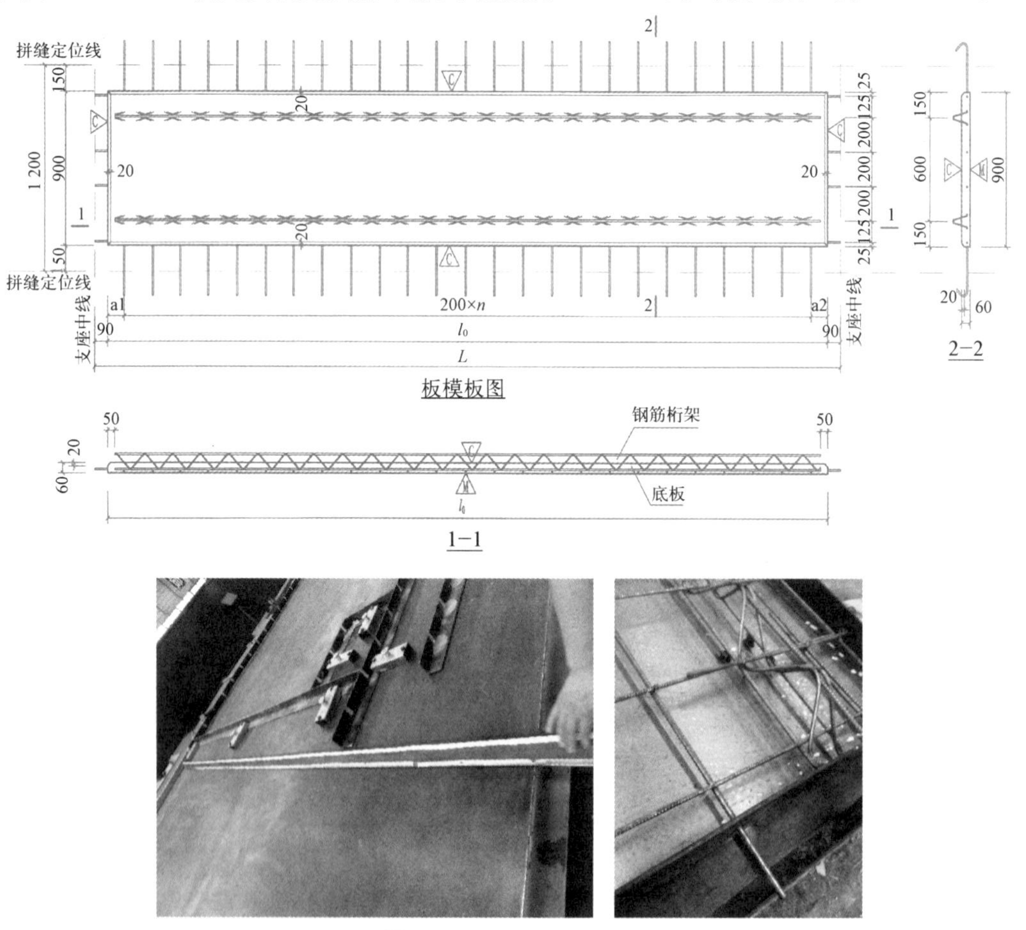

图1-1-9 叠合板边模

预制构件模具尺寸的允许偏差和检验方法应符合《装配式混凝土结构技术规程》(JGJ 1—2014)和《装配式混凝土建筑技术标准》(GB/T 51231—2016)等的规定，见表 1-1-13。当设计有要求时，模具尺寸的允许偏差应按设计要求确定。

表 1-1-13　预制构件模具尺寸的允许偏差和检验方法

项次	检验项目及内容		允许偏差(mm)	检验方法
1	长度	≤6 m	1，−2	用钢尺量平行构件高度方向，取其中偏差绝对值较大处
		＞6 m 且≤12 m	2，−4	
		＞12 m	3，−5	
2	截面尺寸	墙板	1，−2	用钢尺测量两端或中部，取其中偏差绝对值较大处
3		其它构件	2，−4	
4	对角线差		3	用钢尺量纵、横两个方向对角线
5	侧向弯曲		$l/1500$ 且≤5	拉线，用钢尺量测侧向弯曲最大处
6	翘曲		$l/1500$	对角拉线测量交点间距离值的两倍
7	底模表面平整度		2	用 2 m 靠尺和塞尺量
8	组装缝隙		1	用塞片或塞尺量
9	端模与侧模高低差		1	用钢尺量

注：l 为模具与混凝土接触面中最长边的尺寸

构件上的预埋件和预留孔洞宜通过模具进行定位，并安装牢固。固定在模具上的预埋件、预留孔洞中心位置的允许偏差符合表 1-1-14 的规定。

表 1-1-14　模具预留孔洞中心位置的允许偏差

项次	检查项目及内容	允许偏差(mm)	检验方法
1	预埋件、插筋、吊环、预留孔洞中心线位置	3	用钢尺量
2	预埋螺栓、螺母中心线位置	2	用钢尺量
3	灌浆套筒中心线位置	1	用钢尺量

注：检查中心线位置时，应沿纵、横两个方向测量，并取其中的较大值。

1.1.3　生产工艺

1. 清理模台、模具

当养护完成的叠合板从模台上脱模后，模台和模具表面上会附着混凝土屑和尘土，为了保证每一块 PC 构件的合格，对于使用过的模台和模具重新进入生产线重复使用前必须进行清理打扫。

模台清扫可以通过图 0-4-14 所示模台清理机自动进行清理。对于凝固在钢台模和模具上的混凝土渣，可以通过铁铲、砂轮、钢刷等清除，用毛刷或吸尘器清理模台上的混凝土屑和粉尘。

图1－1－10　清理模台、模具

2. 组装模板

（1）模具组装前进行模具的尺寸确认，如模具发生不平整、弯曲、变形等情况时，应进行修复，无法修复的，予以报废；

（2）构件生产前，确认准备的模具组件是否属于该构件，进行整理以确认各种部件是否齐全，然后按照模具组装图的要求进行模具的安装；

（3）模板的部件在规定的位置用插销和螺栓进行固定，固定后确认一下内容：模板是否平整，螺栓是否合格；

（4）模具在使用前后应做好清理工作，避免附着的灰浆、污染物影响产品质量。

图1－1－11　组装模板

钢侧模板固定：

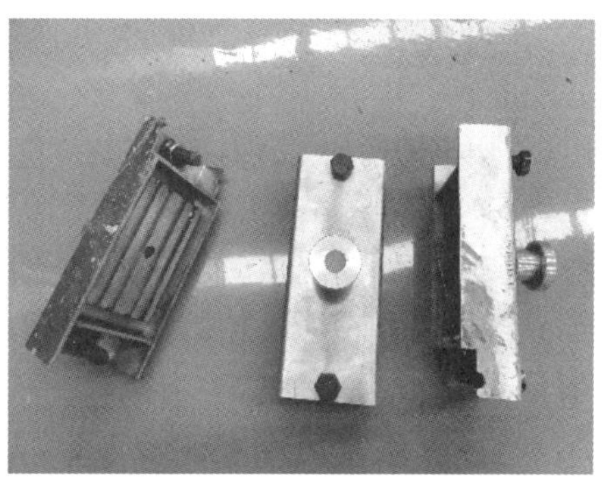

图1-1-12　磁盒固定

图1-1-13　其他固定方式

3. 模板检查

模具安装后要进行检查。按照检查表项目进行检查，按照制作图对尺寸进行确认，模具尺寸允许偏差见表1-1-13。

图1-1-14　模板尺寸检查

4. 刷脱模剂

模板安装后使用规定的脱膜剂并使用专用擦布均匀地涂抹到位，不可涂抹过度；脱模剂必须在钢筋绑扎前进行，钢筋及预埋件上不得附着脱膜剂；

图1-1-15　刷脱模剂

图1-1-16　边模刷缓凝剂(水洗粗糙面用)

5. 钢筋生产安装

预制构件用钢筋的加工、连接与安装应符合国家现行标准《混凝土结构工程施工规范》(GB 50666—2011)和《混凝土结构工程施工质量验收规范》(GB 50204—2015)等的有关规定。

模具组装完成后,模台移动至钢筋安装工位,进行钢筋、钢筋网片和钢筋骨架的安装。

钢筋、钢筋网片和钢筋骨架的制作应满足构件设计图纸的要求,宜采用专用钢筋定位件,安装时应满足下列规定:

钢筋、钢筋网片和钢筋骨架入模时应平直、无损伤,表面不得有油污或者锈蚀,且钢筋、钢筋网片及钢筋骨架安装时要注意钢筋尽量不要沾到脱模剂;

钢筋、钢筋网片和钢筋骨架的尺寸应准确,钢筋网片和钢筋骨架吊装时应采用多吊点的专用吊架,防止骨架产生变形;

钢筋、钢筋网片和钢筋骨架入模后,应设置保护垫块,保护垫块宜采用塑料类垫块,且应与钢筋、钢筋网片和钢筋骨架绑扎牢固,垫块按梅花状布置,间距满足钢筋限位及控制变形要求,钢筋绑扎丝甩扣应弯向构件内侧。

钢筋、钢筋网片和钢筋骨架装入模具后,应按照构件设计制作图的要求对钢筋的位置、规格、间距、保护层厚度等进行检验,允许偏差及检验方法应满足表 1-1-15 的规定。

对于叠合板中采用的钢筋桁架筋,其尺寸、重量和允许偏差应符合表 1-1-16 的规定。对于钢筋桁架筋的安装,采用钢卷尺进行钢筋桁架定位,钢筋桁架放置于底板钢筋上层,下弦钢筋与底板钢筋绑扎连接,定位完成后采用扎丝将桁架钢筋和钢筋网片绑扎牢固,并在吊点位置安装吊点附加钢筋。

表 1-1-15 钢筋成品的允许偏差和检验方法

项目			允许偏差(mm)	检验方法
钢筋网片	长、宽		±5	钢尺检查
	网眼尺寸		±10	钢尺量连续三挡,取最大值
	对角线		5	钢尺检查
	端头不齐		5	钢尺检查
钢筋骨架	长		0,−5	钢尺检查
	宽		±5	钢尺检查
	高(厚)		±5	钢尺检查
	主筋间距		±10	钢尺量两端、中间各一点,取最大值
	主筋排距		±5	钢尺量两端、中间各一点,取最大值
	箍筋间距		±10	钢尺量连续三挡,取最大值
	弯起点位置		15	钢尺检查
	端头不齐		5	钢尺检查
	保护层	柱、梁	±5	钢尺检查
		板、墙	±3	钢尺检查

表 1-1-16　桁架尺寸允许偏差

项次	检查项目	允许偏差(mm)
1	长度	总长度的±0.3%,且不超过±10
2	高度	+1,-3
3	宽度	±5
4	扭翘	≤5

(1) 钢筋网片制作与安装

钢筋网片采用图 0-4-8 数控钢筋网焊接机制作,应标明横、纵向钢筋型号、长度、间距及横纵向钢筋的相对位置,并绘制钢筋网片 CAD 图,将绘制图导入焊网机控制系统进行加工。

图1-1-17　数控钢筋网焊接机焊制钢筋网片

图1-1-18　钢筋网片绑扎

图1-1-19　钢筋网片安装

钢筋网片也可以采用人工绑扎。

(2) 钢筋桁架制作与安装

根据构件生产图确定桁架钢筋的高度、长度、上下弦钢筋型号、腹杆筋型号,通过桁架长度计算出节点距离,要确保节点距离符合规范要求,并复核桁架机上钢筋型号是否匹配,如不匹配须进行更换。各项检查如无误,方可进行下料进行桁架钢筋加工。

图1-1-20　钢筋桁架安装

(3) 钢筋保护层

混凝土保护层厚度应满足设计要求,底板最外层钢筋混凝土保护层厚度为 15 mm。

图1-1-21 塑料垫块控制保护层

6. 预埋件及水电管线等预留预埋

钢筋、钢筋网片和钢筋骨架入模完成后，应按构件设计图纸安装预埋件、拉结件、预留孔洞等，以满足吊装、施工的安全性、耐久性和稳定性要求。由于预制构件中的预埋件及预留孔洞的形状尺寸和中线定位偏差非常重要，构件上的预埋件和预留孔洞宜通过模具进行定位，并安装牢固，生产时应按要求进行逐个检验。

预埋件要固定牢固，防止混凝土浇筑振捣过程中出现松动偏位，在预埋件位置固定后、混凝土浇筑之前，质检员要对预埋件的位置及数量进行专项检查，确保准确无误。

图1-1-22 预埋件安装、孔洞预留

7. 隐蔽工程验收

混凝土浇筑前，应逐项对模具、钢筋、钢筋连接用灌浆套筒、拉结件、预埋件、预留孔洞、混凝土保护层厚度等进行检查和验收。隐蔽工程检查项目应包括：

(1) 钢筋的牌号、规格、数量、位置和间距等；

(2) 纵向受力钢筋的连接方式、接头位置、接头质量、接头面积百分率、搭接长度、锚固方式及锚固长度；

(3) 箍筋弯钩的弯折角度及平直段长度；

(4) 预埋件、吊环、插筋、灌浆套筒、预留孔洞、金属波纹管的规格、数量、位置及固定措施；

（5）预埋线盒、管线的规格、数量、位置及固定措施；

（6）钢筋的混凝土保护层厚度。

隐蔽工程的检查除书面检查记录外应当有照片记录，拍照时应详细记录该构件的使用项目名称、检查项目、检查时间、生产单位等。关键部位应当多角度的拍照，照片要清晰。

隐蔽工程检查记录表应在检查现场填写完整，并签字存档。存档时按照时间、项目进行分类存放，照片、视频等影像类资料可刻盘或电子存档。

图1-1-23　钢筋间距检查

图1-1-24　模具对角线测量

图1-1-25　预埋件位置检查

隐蔽工程验收完成后，为了避免浇筑混凝土对桁架筋造成污染，同时保证露出桁架筋实现与后浇叠合层的连接，需要对桁架筋出板部分钢筋进行遮挡保护。

图1-1-26　成品保护

8. 混凝土浇筑振捣

(1) 混凝土的搅拌

① 混凝土的搅拌制度

为了获得质量优良的混凝土拌合物,除了选择适合的搅拌机外,还必须制定合理的搅拌制度,包括搅拌时间、投料顺序和进料容量等。

搅拌时间:在生产中应根据混凝土拌合料要求的均匀性、混凝土强度增长的效果及生产效率等因素,规定合适的搅拌时间。搅拌时间过短,混凝土拌合不均匀,强度和易性下降;搅拌时间过长,不但降低生产效率,而且会造成混凝土工作性损失严重,导致振捣难度加大,影响混凝土的密实度。

投料顺序:投料顺序应从提高搅拌质量,减少叶片和衬板的磨损,减少拌合物与搅拌筒的粘结,减少水泥飞扬和改善工作环境等方面综合考虑确定。通常的投料顺序为:石子、水泥、粉煤灰、矿粉、砂、水、外加剂。

进料容量:进料容量是将搅拌前各种材料的体积积累起来的容量,又称干料容量。进料容量约为出料容量的 1.4 倍～1.8 倍(一般取 1.5 倍),如任意超载(进料容量超过 10%以上),就会使材料在搅拌筒内无充分的空间进行拌合,影响混凝土拌合物的均匀性。反之,如装料过少,则又不能充分发挥搅拌机的效能,甚至出现搅拌不到位导致粉料粘壁严重和结团现象。

② 混凝土搅拌的操作要点

搅拌混凝土前,应往搅拌机内加水空转数分钟,再将积水排净,使搅拌筒充分润湿。

拌好后的混凝土要做到基本卸空。在全部混凝土卸出之前不得再投入拌合料,更不得采取边出料边进料的方法。

严格控制水灰比和坍落度,未经试验人员同意不得随意加减用水量。

在每次用搅拌机拌合第一罐混凝土前,应先开动搅拌机空车运转,运转正常后,再加料搅拌。拌第一罐混凝土时,宜按配合比多加入质量分数为 10%的水泥、水、细骨料的用料;或减少 10%的粗骨料用量,使富余的砂浆布满鼓筒内壁及搅拌叶片,防止第一罐混凝土拌合物中的砂浆偏少。

在每次用搅拌机开始搅拌的时候,应注意观察、检测开拌的前二、三罐混凝土拌合物的和易性。如不符合要求时,应立即分析原因并处理,直至拌合物的和易性符合要求,方可持续生产。

当按新的配合比进行拌制或原材料有变化时,应注意开盘鉴定与检测工作。

应注意核对外加剂筒仓及对应的外加剂品名、生产厂名、牌号等。

雨期施工期间,要检测粗细骨料的含水量,随时调整用水量和粗细骨料的用量。夏季施工时,砂石材料尽可能加以遮盖,避免使用前受烈日暴晒,必要时可采用冷水淋洒,使其蒸发散热。冬季施工要防止砂石材料表面冻结,并应清除冰块。

③ 混凝土搅拌的质量要求

拌制的混凝土拌合物的均匀性按要求进行检查。在检查混凝土均匀性时,应在搅拌机卸料过程中,从卸料流出的 1/4～3/4 之间部位采取试样。检测结果应符合下列规定:

混凝土中砂浆密度,两次测值的相对误差不应大于 0.8%。

单位体积混凝土中粗骨料含量,两次测量的相对误差不应大于 5%。

混凝土搅拌时间应符合设计要求。混凝土的搅拌时间，每一工作班至少应抽查 2 次。

坍落度检测，通常用坍落度筒法检测，适用于粗骨料粒径不大于 40 mm 的混凝土。坍落度筒为薄金属板制成，上口直径 100 mm，下口直径 200 mm，高度 300 mm。底板为放于水平的工作台上的不吸水的金属平板。在检测坍落度时，还应观察混凝土拌合物的粘聚性和保水性，全面评定拌合物的和易性。

其他性能指标如含气量、容重、氯离子含量、混凝土内部温度等也应符合现行相关标准要求。

(2) 混凝土运输

通常情况下预制构件混凝土用量较少，运输距离短，主要采用三种方式运输。

普通运输车：运输效率可能无法满足生产所需，而且运输过程中的颠簸容易造成混凝土的分层甚至离析。

混凝土罐车：单次运输量远高于前者，而且自带搅拌功能，可有效保证混凝土的匀质性，对于改善预制构件的质量和提高生产效率均有所帮助。

鱼雷罐运输系统：车载运输混凝土的最大缺点是混凝土生产地点与浇筑地点的短驳导致生产效率的降低和拌合物质量损失，无法满足自动化生产线的需求。鱼雷罐运输系统可以实现搅拌站和生产线的无缝结合，输送效率大大提高，输料罐自带称量系统，可以精确控制浇筑量并随时了解罐体内剩余的混凝土数量，从而有效提高构件的浇筑质量。

图 1－1－27 自动化生产线混凝土输料系统

混凝土自搅拌机中卸出后，应根据预制构件的特点、混凝土用量、运输距离和气候条件，以及现有设备情况等进行考虑，满足以下要求：

要及时将拌好的料用运输车辆运到浇捣地点，并确保浇捣混凝土的供应要求。

混凝土的运输工具要求不吸水、不漏浆、内壁平整光洁，且在运输中的全部时间不应超过混凝土的初凝时间。

运输混凝土时，应保持车速均匀，从而保证混凝土的均一性，防止各种材料分离；

运输过程中，要根据各种配比、搅拌温度和外界温度等，将其控制在不影响混凝土质量的范围之内。在风雨或暴热天气运送混凝土，容器上应加遮盖，以防进水或水分蒸发。冬季施工应加以保温。夏季最高气温超过 40℃时，应有隔热措施。

(3) 混凝土浇筑

预制构件的混凝土浇筑方式一般包括：手工浇筑、人工料斗浇筑和流水线自动布料机浇筑。混凝土拌合料未入模板前是松散体，粗骨料质量较大，在布料时容易向前抛离，引起离析，将导致混凝土外表面出现蜂窝、露筋等缺陷；内部出现内、外分层现象，造成混凝土强度降低，产生质量隐患。

混凝土浇筑时应符合下列规定：

① 混凝土应均匀连续浇筑，投料高度不宜大于 500 mm；

② 混凝土浇筑时应保证模具、门窗框、预埋件、拉结件不发生变形或者移位，如有偏差应采取措施及时纠正；

③ 混凝土从拌合到浇筑完成间歇不宜超过 40 min；

④ 混凝土应振捣密实。

布料机浇筑

料斗浇筑

图 1-1-28 混凝土浇筑

（4）混凝土振捣

混凝土拌合物布料之后，通常不能全部流平，内部有空气，不密实。混凝土的强度、抗冻性、抗渗性、耐久性等都与密实度有关。振捣是在混凝土初凝阶段，使用各种方法和工具进行振捣，并在其初凝前捣实完毕，使之内部密实，外部按模板形状充满模板，达到饱满密实的要求。

当前混凝土拌合物密实成形的途径主要是借助机械外力（如机械振动）来克服拌合物的剪应力而使之液化。原理是利用偏心轴或偏心块的高速旋转，使振动器因离心力的作用而振动，水泥浆的凝胶结构受到破坏，从而降低了水泥浆的粘结力和骨料之间的摩擦力，使之能很好地填满模板内部，并获得较高的密实度。

叠合板的浇筑混凝土常采用振动台进行振捣，操作人员严格按照先弱后强的顺序进行振捣并随时观察预制构件内混凝土的情况，当混凝土表面不再冒出气泡并呈现出平坦、泛浆时停止振动，切不可长时间振动以避免混凝土离析。

混凝土振捣过程中应随时检查模具有无漏浆、变形或预埋件有无位移等现象，混凝土振捣完成后，把高出的混凝土铲平，并将料斗、模具外表面、外露钢筋、模台及地面清理干净。

9. 预养护

混凝土初凝后进行表面处理。

10. 浇筑表面处理

叠合板底板与后浇混凝土叠合层之间的结合面应做成凹凸深度不小于 4 mm 的人工粗糙面，粗糙面的面积不小于结合面的 80%。叠合板上部边角做成 45°抹角，或用内模成型，或由人工抹成。

图1-1-29　拉毛

图1-1-30　内模成型上部边角倒角

11. 养护

养护是保证混凝土质量的重要环节，对混凝土的强度、抗冻性、耐久性都有很大的影响。预制构件工厂中常用的养护方法是蒸汽养护和自然养护。

图1-1-31　养护窑养护

12. 脱模、起吊

同条件养护的混凝土立方体抗压强度达到22.5 MPa后，方可进行脱模、吊装、运输及堆放。脱模不得使用振动方式进行拆模，保证预制构件在拆模过程中不被损坏。在拆模过程中不可暴力拆模，致使模具严重变形、翘曲。

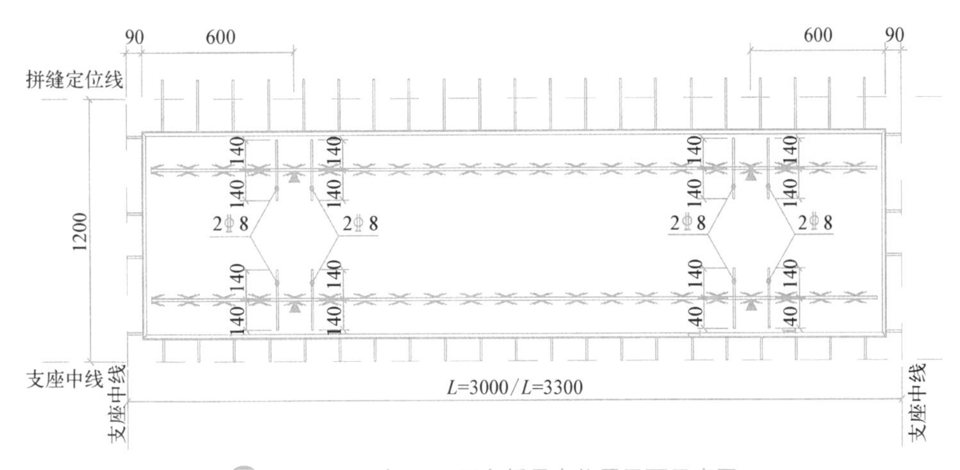

图1-1-32　宽1200双向板吊点位置平面示意图

预制构件与模具之间的连接部分完全拆除后方可进行脱模、起吊，构件起吊应平稳；楼板应采用专用多点吊具进行起吊，复杂构件应采用专门的吊具进行起吊。对于吊点的位置必须由结构设计师经过设计计算确定，给出位置和结构构造设计。

图1-1-33 起吊

水洗粗糙面：模具拆完后应进行粗糙面的处理，采用高压水枪将预制构件侧面进行冲刷，将表面浮浆冲刷干净并露出骨料。

图1-1-34 水洗粗糙面　　图1-1-35 存放

堆放场地应平整夯实，并设有排水措施，堆放时底板与地面之间有一定的空隙，垫木放置在桁架侧面，板两端（至板端200 mm）及跨中位置均应设置垫木且间距不大于1.6 m。垫木应上下对齐。不同板号应分别堆放，堆放高度不宜大于6层。堆放时间不宜超过两个月。垫木的长、宽、高均不宜小于100 mm。

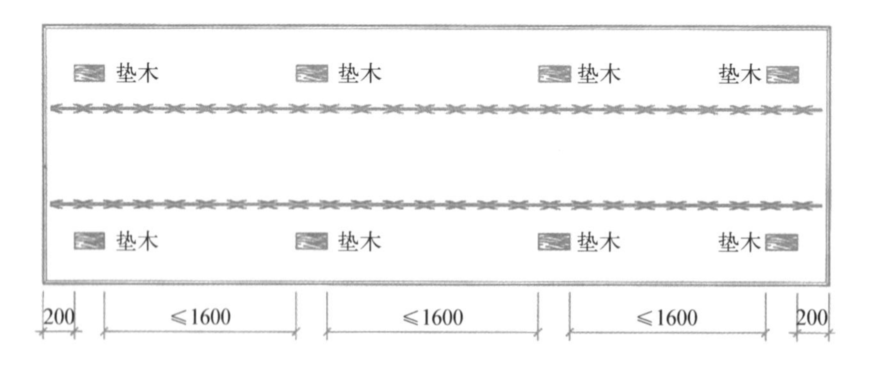

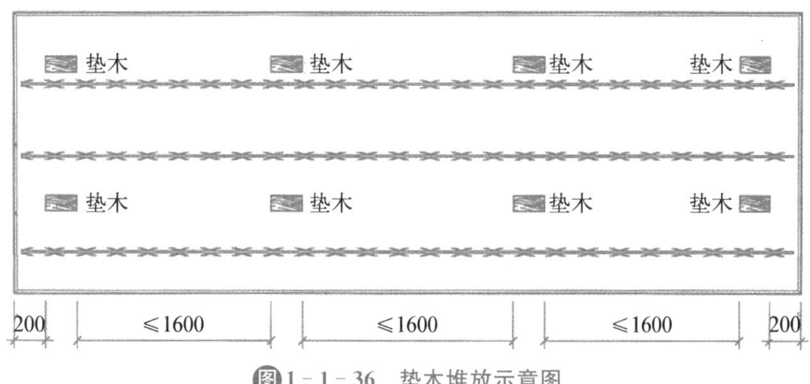

图1－1－36　垫木堆放示意图

1.1.4　质量检测

预制构件的外观质量不应有严重缺陷，且不宜有一般缺陷(表1－1－17)。预制构件出模后应及时对其外观质量进行全数目测检查。对已经出现的严重缺陷应制定技术处理方案进行处理并重新检验，对出现的一般缺陷应进行修整并达到合格。

表1－1－17　构件外观质量缺陷分类

名　称	现　象	严重缺陷	一般缺陷
露筋	构件内钢筋未被混凝土包裹而外露	纵向受力钢筋有露筋	其他钢筋有少量露筋
蜂窝	混凝土表面缺少水泥砂浆而形成石子外漏	构件主要受力部位有蜂窝	其他部位有少量蜂窝
孔洞	混凝土中孔穴深度和长度均超过保护层厚度	构件主要受力部位有孔洞	其他部位有少量孔洞
夹渣	混凝土中夹有杂物且深度超过保护层厚度	构件主要受力部位有夹渣	其他部位有少量夹渣
疏松	混凝土中局部不密实	构件主要受力部位有疏松	其他部位有少量疏松
裂缝	缝隙从混凝土表面延伸至混凝土内部	构件主要受力部位有影响结构性能或使用功能的裂缝	其他部位有少量不影响结构性能或使用功能的裂缝
连接部位缺陷	构件连接处混凝土缺陷及连接钢筋、连结件松动，插筋严重锈蚀、弯曲，灌浆套筒堵塞、偏位，灌浆孔洞堵塞、偏位、破损等缺陷	连接部位有影响结构传力性能的缺陷	连接部位有基本不影响结构传力性能的缺陷
外形缺陷	缺棱掉角、棱角不直、翘曲不平、飞出凸肋等，装饰面砖粘结不牢、表面不平、砖缝不顺直等	清水或具有装饰的混凝土构件内有影响使用功能或装饰效果的外形缺陷	其他混凝土构件有不影响使用功能的外形缺陷
外表缺陷	构件表面麻面、掉皮、起砂、沾污等	具有重要装饰效果的清水混凝土构件有外表缺陷	其他混凝土构件有不影响使用功能的外表缺陷

预制构件不应有影响结构性能、安装和使用功能的尺寸偏差。对超过尺寸允许偏差且影响结构性能和安装、使用功能的部位应经原设计单位认可，制定技术处理方案进行处理，并重新检查验收。

预制构件尺寸偏差及预留孔、预留洞、预埋件、预埋插筋的位置和检验方法应符合《装配式混凝土结构技术规程》(JGJ 1—2014)、《混凝土结构工程施工质量验收规范》(GB 50204—2015)和《装配式混凝土建筑技术标准》(GB/T 51231—2016)等相关要求，见表 1-1-18。预制构件有粗糙面时，与预制构件粗糙面相关的尺寸允许偏差可放宽 1.5 倍。如根据具体工程要求提出高于本规定时，应按设计要求或合同规定执行。

表 1-1-18 预制构件尺寸允许偏差及检验方法

项目			允许偏差(mm)	检验方法
长度	板、梁、柱、桁架	≤12 m	±5	尺量检查
		>12 m 且≤18 m	±10	
		>18 m	±20	
	墙板		±4	
宽度、高(厚)度	板、梁、柱、桁架截面尺寸		±5	用钢尺量一端及中部，取其中偏差绝对值较大处
	墙板的高度、厚度		±3	
表面平整度	板、梁、柱、墙板内表面		5	用 2 m 靠尺和塞尺检查
	墙板外表面		3	
侧向弯曲	板、梁、柱		$l/750$ 且≤20	拉线，用钢尺量测最大侧向弯曲处
	墙板、桁架		$l/1000$ 且≤20	
翘曲	板		$l/750$	调平尺在两端量测
	墙板		$l/1000$	
对角线差	板		10	用钢尺量两个对角线
	墙板、门洞口		5	
挠度变形	梁、板、桁架设计起拱		±10	拉线，钢尺量最大弯曲处
	梁、板、桁架下垂		0	
预留孔	中心线位置		5	尺量检查
	孔尺寸		±5	
预留洞	中心线位置		10	尺量检查
	洞口尺寸、深度		±10	
门窗口	中心线位置		5	尺量检查
	宽度、高度		±3	

续　表

项　目		允许偏差(mm)	检验方法
预埋件	预埋件锚板中心线位置	5	尺量检查
	预埋件锚板与混凝土面平面高差	0,−5	
	预埋螺栓中心线位置	2	
	预埋螺栓外漏长度	+10,−5	
	预埋件套筒、螺母中心线位置	2	
	预埋件套筒、螺母与混凝土面平面高差	0,−5	
	线盒、电盒、木砖、吊环在构件平面的中心线位置偏差	20	
	线盒、电盒、木砖、吊环与混凝土面平面高差	0,−10	
预留插筋	中心线位置	3	尺量检查
	外漏长度	+5,−5	
键槽	中心线位置	5	尺量检查
	长度、宽度、高度	±5	

注:1. l 为构件最长边的长度(mm);
2. 检查中心线、螺栓和孔道位置偏差时,应沿纵、横两个方向量测,并取其中偏差较大值。

1.1.5　小　结

本节基于预制混凝土叠合板生产过程的分析,以工程实际预制混凝土叠合板的生产过程为主线,对预制混凝土叠合板的生产准备、生产工艺和质量标准进行了介绍。通过学习,你将能够根据实际工程对预制混凝土叠合板生产进行生产准备,根据施工图、相关标准图集等资料制定生产方案,在生产现场进行安全、技术、质量管理控制,正确使用检测工具对生产质量进行检查验收。

思考题

1. 生产一块单向受力叠合板底板,选自《桁架钢筋混凝土叠合板(60 mm 厚底板)》(15G366-1),编号为 DBD68-2712-3,钢筋桁架编号 A90。混凝土强度等级为 C30,使用强度等级为 42.5 的普通硅酸盐水泥,设计配合比为 1∶1.4∶2.6∶0.55(其中水泥用量为 429 kg),现场砂含水率为 1%,石子含水率为 1.5%。试计算构件生产原材料用量。

2. 叠合板浇筑混凝土前应进行隐蔽工程检查,检查项目应包括哪些方面?

预制混凝土框架柱生产

任务二　预制混凝土框架柱生产

学习目标

通过本任务学习和实训，主要掌握：

（1）根据工程实际合理进行预制混凝土框架柱生产准备；

（2）预制混凝土框架柱生产工艺；

（3）正确使用检测工具对预制混凝土框架柱生产质量进行检查验收。

预制混凝土框架柱（以下简称预制柱）是装配整体式框架结构和装配整体式框架剪力墙结构的主要竖向承重构件，如图 1－2－1 所示，采用灌浆套筒连接，预制柱的生产需要协同设计、施工共同进行生产深化设计。

图 1－2－1　预制柱

预制柱生产流程如图 1－2－2 所示。

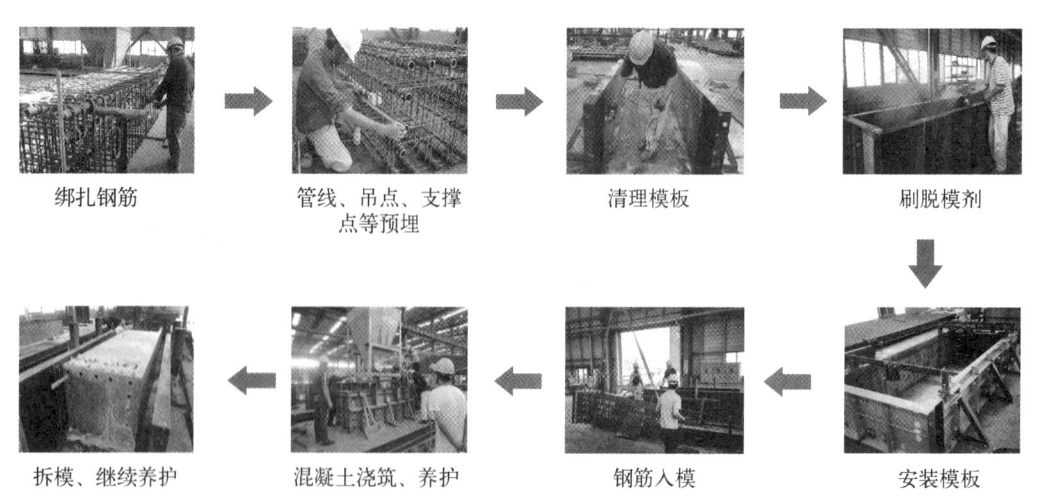

图 1－2－2　预制柱生产流程

1.2.1　生产任务

某框架剪力墙结构梁柱平面布置图如图 1－2－4,预制柱 Z－A1 生产深化设计图纸如图 1－2－5。请根据图完成预制柱 Z－A1 生产。

1.2.2　生产准备

框架柱基本构造

1. 技术准备

➤ **思考:** 请根据 A～D 断面图,画出预制柱 Z－A1 轮廓图。

图 1－2－3　预制柱实物

2. 模具准备

(1) 模具制作

模具设计应兼顾周转使用次数和经济性原则,合理选用模具材料,以标准化设计、组合式拼装、通用化使用为目标。在保证模具品质和周转次数的基础上,尽可能减轻模具重量,方便人工组装。

模具构造应保证组装拆卸方便,连接可靠,定位准确,且应保证混凝土构件顺利脱模。

钢模必须具有足够的承载力、刚度和稳定性,设计及制造应符合行业标准。

模具经检查不能满足使用和质量要求时应禁止使用并做好报废登记手续。

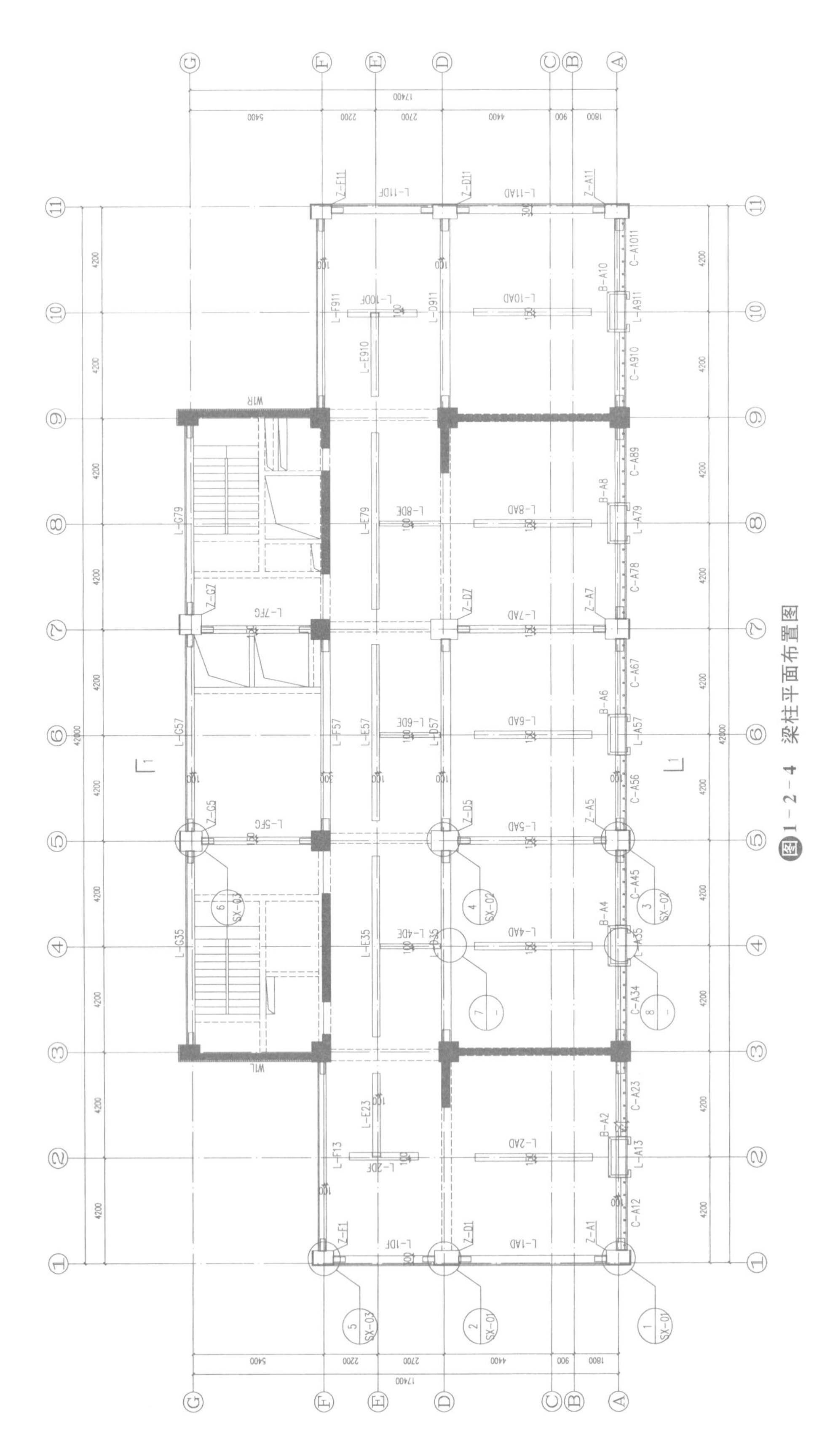

图1-2-4 梁柱平面布置图

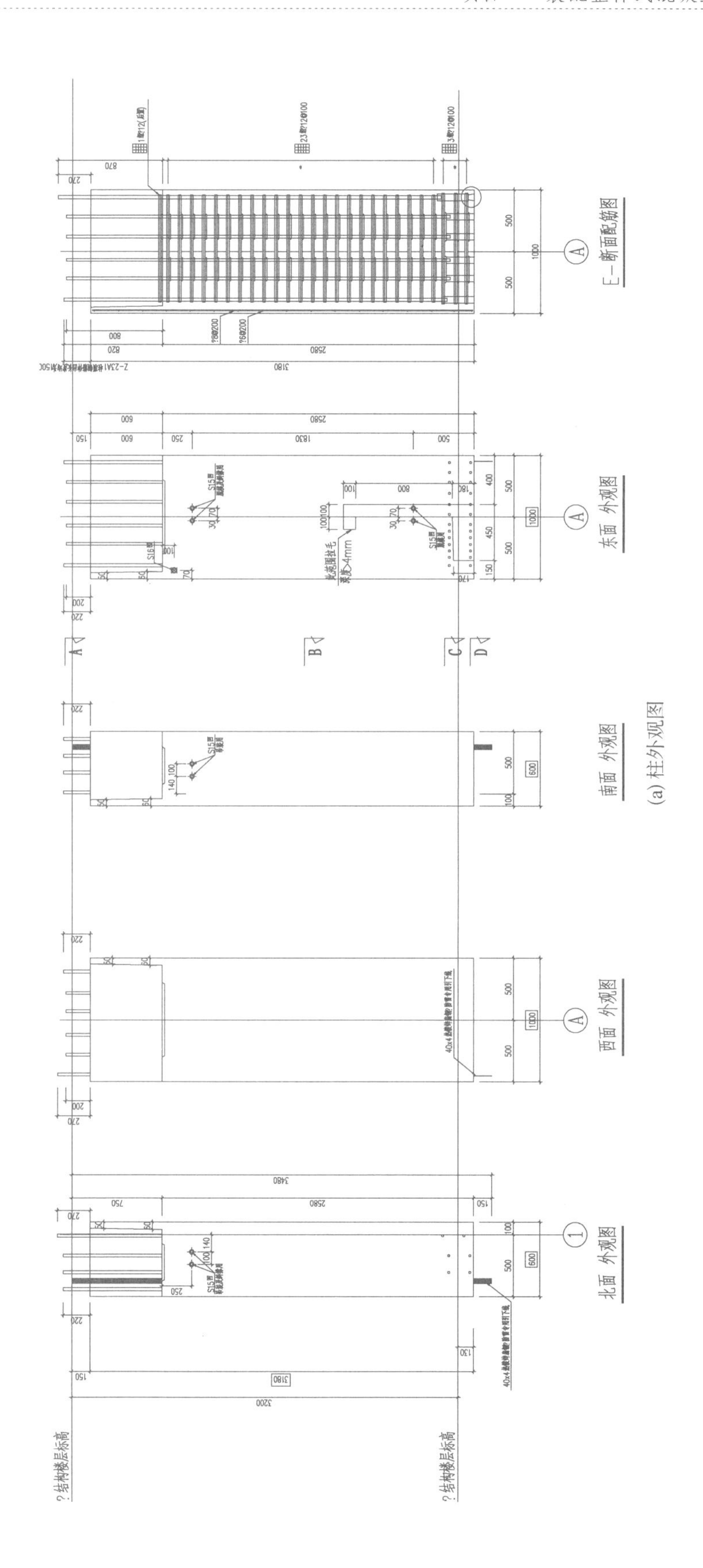

(a) 柱外观图

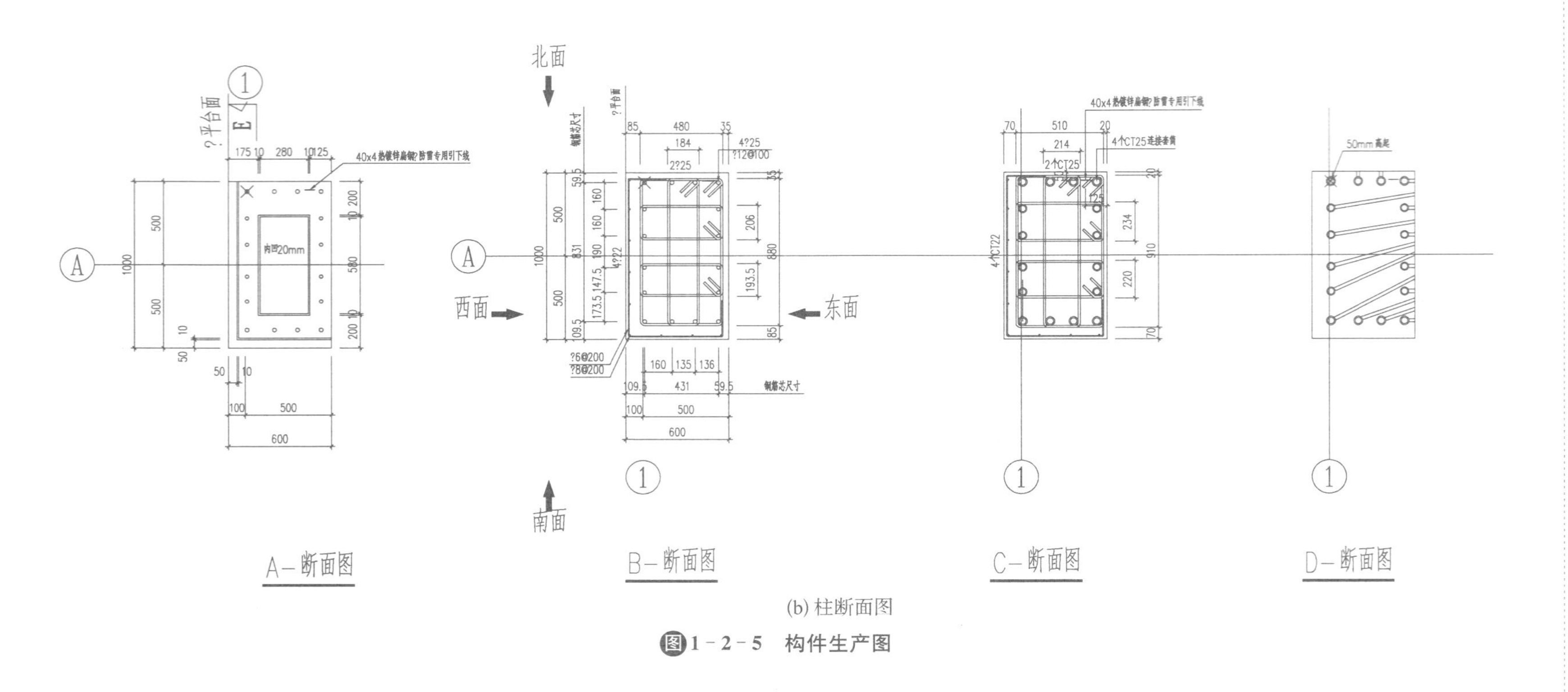

(b) 柱断面图

图1-2-5 构件生产图

（2）模具组装

模具组装定位后必须复测尺寸偏差是否满足精度要求，试生产实物预制构件的各项检测指标均在标准的允许公差内，方可投入正常生产。

侧模和底模应具有足够的刚度、强度和稳定性，并符合构件尺寸精度要求。

模具每次使用后，应清理干净，与混凝土接触部分不得留有水泥浆和混凝土残渣。

预制构件在钢筋骨架入模前，应在模具表面均匀涂抹适当的脱模剂。

➢ **思考：**1. 模具安装如何确保钢筋位置不发生偏移？

2. 如何确保浇筑完混凝土后套筒不会被混凝土填满？

预制柱生产采用水平生产，模具如图 1－2－6 所示，包括侧模、端头模板、钢筋固定模具，对于边柱需要增加混凝土模板边板的柱，还需要增加底模。

图1－2－6　预制柱模具整体组成

为了确保柱钢筋在浇筑混凝土过程中不发生移动，在钢筋端头安装钢筋固定模具，如图 1－2－7 所示。

图1-2-7　预制柱模具钢筋固定模具

为了避免浇筑混凝土的过程中灌浆套筒内灌入混凝土无法与下部钢筋完成连接，在安装柱端头模具需要安装钢筋灌浆套筒堵头，如图1-2-8所示。

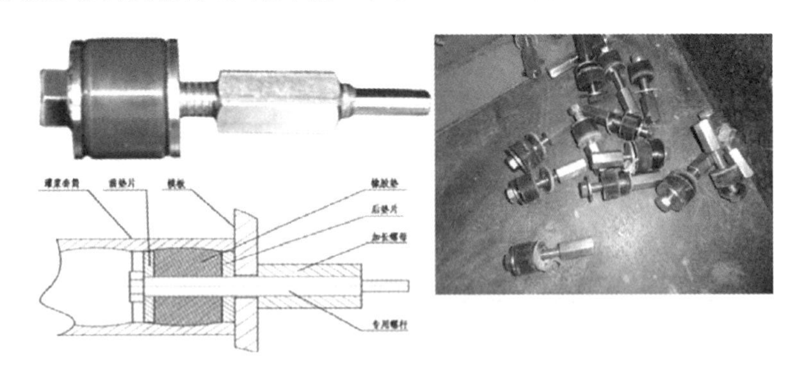

图1-2-8　预制柱钢筋灌浆套筒堵头及安装

1.2.3　生产工艺

预制柱采用固定台模生产工艺，生产工艺流程如图1-2-2。

图1－2－9　模具矫正清理

1. 模具矫正清理

模具组装前进行模具的尺寸确认，如模具发生不平整、弯曲、变形等情况时，应进行修复，无法修复的，予以报废。

模具在使用前后应做好清理工作，避免附着的灰浆、污染物影响产品质量，钢台模清理采用砂轮打磨清理残留混凝土。

2. 刷脱模剂

模板安装后使用规定的脱膜剂并使用专用擦布均匀地涂抹到位，不可涂抹过度。脱模剂必须在钢筋绑扎前进行，钢筋及预埋件上不得附着脱膜剂。

图1－2－10　刷脱模剂

图1－2－11　安装侧模

3. 安装侧模

4. 钢筋生产安装

（1）钢筋骨架制作

钢筋应有产品合格证，并应按《混凝土结构工程施工质量验收规范》(GB 50204)规定分批进行抽样复试检验，钢筋的质量必须符合现行有关标准的规定。

钢筋骨架尺寸应准确，钢筋规格、数量、位置和连接方法等应符合有关标准规定和设计文件要求。

钢筋配料应根据构件配筋图，先绘制出各种形状和规格的单根钢筋简图并进行编号，然后分别计算钢筋下料长度和根数，填写配料单，申请加工。

钢筋在切断过程中，如发现钢筋有劈裂、缩头或严重的弯头等必须切除；发现钢筋的硬度与该钢筋品种有较大的出入，应依照行业标准进一步的检查。钢筋的断口不得有马蹄形或起弯等现象。

钢筋加工生产线宜采用自动化数控设备，如自动弯箍机、钢筋网片机等，提高钢筋加工的精度、质量和效率；钢筋加工半成品应集中妥善放置，便于后期调度使用。

钢筋端部的螺纹制作采用钢筋套丝机完成，如图 1－2－12 所示。

图1－2－12　钢筋端部的螺纹制作

图1－2－13　钢筋骨架绑扎

（2）钢筋骨架安装

钢筋网和钢筋骨架在整体装运、吊装就位时，应采用多吊点的起吊方式，防止发生扭曲、弯折、歪斜等变形。为了防止吊点处钢筋受力变形，宜采取兜底吊或增加辅助用具。

钢筋入模时，应平直、无损伤，表面不得有油污、颗粒状或片状老锈，且应轻放，防止变形。

保护层垫块应根据钢筋规格和间距按梅花状布置，与钢筋网片或骨架连接牢固，保护层厚度应符合国家现行标准和设计要求。

构件连接埋件、开口部位、特别要求配置加强筋的部位，应根据图纸要求配置加强筋。加强筋应有两处以上部位绑扎固定。绑扎丝的末梢应向内侧弯折。

图1-2-14　钢筋骨架入模

(3) 钢筋工厂化专业化加工

箍筋加工成型:采用数控钢筋调弯箍机,实现箍筋自动加工成型。

图1-2-15　数控钢筋调弯箍机生产箍筋

5. 安装底模

结合图1-2-3和图1-2-5所示外观图,由梁柱节点图(图1-2-16所示)为了叠合层现浇混凝土施工方便,对于边柱增加60 mm厚的混凝土板兼做梁柱节点后浇混凝土的外模板,既可以控制浇筑混凝土的厚度,又避免在建筑外侧支设模板。这部分伸出的外模板需要支设整体式底模板,如图1-2-16所示。

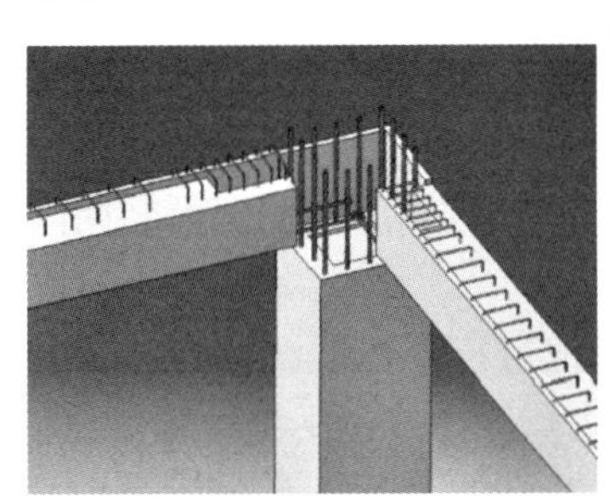

图1-2-16　装配式混凝土框架结构梁柱节点

图1-2-17　安装底模

6. 安装钢筋固定模具

为了确保柱钢筋在浇筑混凝土过程中不发生移动，在钢筋伸出柱顶模板位置安装固定夹具，并用螺丝固定在钢模具上。在钢筋端头安装钢筋固定模具，如图1-2-18所示。

图1-2-18　安装钢筋固定模具

7. 安装预埋件

预埋件安装位置应准确，并满足方向性、密封性、绝缘性和牢固性等要求。

金属预埋件固定位置的偏差在产品尺寸允许误差范围以内，且预埋件必须全部采用夹具固定。

当预埋件为混凝土表面平埋的钢板，应在中部加开排气孔；当预埋件带有螺丝牙时，其外露螺牙部分应先用黄油满涂，塞入PE棒保护，构件安装时方可拔出。

预制构件的吊环应采用未经冷加工的HPB300级钢筋制作。吊装用内埋式螺母或吊杆的材料应符合国家现行相关标准规定。

钢筋套筒灌浆连接接头采用的套筒应符合现行行业标准《钢筋连接用灌浆套筒》(JG/T 398—2019)的规定，在构件生产前进行钢筋灌浆套筒连接接头抗拉强度试验，每种规格的连接接头试件数量不应少于3个。

受力预埋件的锚板及锚筋材料应符合现行国家标准《混凝土结构设计规范》(GB 50010—

2010(2015)版)的有关规定。专用预埋件及连接件材料应符合国家现行有关标准的规定。

连接用焊接材料，螺栓、锚栓和铆钉等紧固件的材料应符合国家现行标准《钢结构设计规范》(GB 50017—2017)、《钢结构焊接规范》(GB 50661—2011)和《钢筋焊接机验收规程》(JGJ 18—2018)等的规定。

根据预制柱现场施工需要，柱顶留置吊装预埋件，如图 1-2-19 所示。吊装预埋件也可设置 3 个，呈三角形布置。根据需要，也可以柱侧面设置水平吊点，对称布置，一般设置 2 个或 4 个。

图 1-2-19　预制柱吊装

预制柱吊装就位后在灌浆套筒灌浆之前需要临时固定就位，如图 1-2-20 所示，在柱面向室内的侧面中间部位设置临时支撑用预埋件。

图 1-2-20　预制柱临时固定

为了方便灌浆套筒灌浆，同时确保浇筑混凝土时灌浆孔不被混凝土堵上，需要用 PVC 管插入套筒灌浆和出浆孔，引到柱侧面(为方便灌浆，边柱导引管引到非临空面出柱面)，塞入 PE 棒保护，构件安装时方可拔出，如图 1-2-21 所示。根据设计方案，在柱底部中心部位需要设置灌浆排气孔，排气孔的孔口应高出灌浆套筒出浆孔 100 mm 以上，用 PVC 管引出柱侧面。

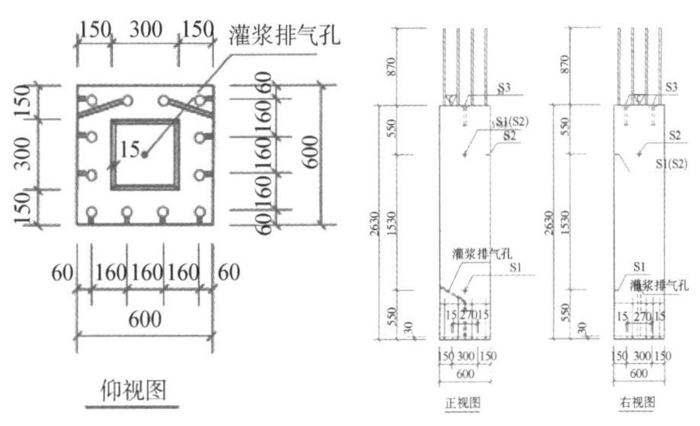

图 1-2-21　灌浆套筒灌浆、排气孔预埋设置

预埋件固定安装需设置支架固定，如图 1－2－22 所示。

图 1－2－22 安装预埋件

8. 隐蔽工程验收

(1) 钢筋的牌号、规格、数量、位置、间距等；
(2) 纵向受力钢筋的连接方式、接头位置、接头质量、接头面积百分率、搭接长度等；
(3) 箍筋、横向钢筋的牌号、规格、数量、位置、间距，箍筋弯钩的弯折角度及平直段长度；
(4) 预埋件、吊环、插筋的规格、数量、位置等；
(5) 灌浆套筒、预留孔洞的规格、数量、位置等；
(6) 钢筋的混凝土保护层厚度；
(7) 夹心外墙板的保温层位置、厚度，拉结件的规格、数量、位置等；
(8) 预埋管线、线盒的规格、数量、位置及固定措施。
(9) 预制构件尺寸允许偏差及检验方法见表 1－1－18。

9. 浇筑混凝土

混凝土强度等级、混凝土所用原材料、混凝土配合比设计、耐久性和工作性应满足现行国家标准和工程设计要求；各批次混凝土拌制完成由试验室进行取样，对混凝土和易性、塌落度等进行检测，检测合格方可进入车间生产；

混凝土浇筑前，应检查和控制模板、钢筋、保护层和预埋件等的尺寸、规格、数量和位置，其偏差值应满足相关规定。此外，还应检查模板支撑的稳定性以及模板接缝的密合情况。模板预检和隐蔽工程验收均符合要求时，方可进行浇筑。

混凝土浇筑前，应清理干净模板内的垃圾和杂物，并封堵金属模板中的缝隙和孔洞、钢筋连接套筒、以及预埋螺栓孔。

混凝土浇筑时应控制混凝土从搅拌机卸料到浇筑完毕的时间，符合规范要求。

混凝土应均匀倒入模具内，高大构件需分层浇筑、分层振捣。在使用振捣棒进行振捣时，混凝土内水泥浆会上浮，直到看不见气泡为止，每个地方以 10 秒为标准，插入间距为 50～60 cm；振捣时不可直接接触钢筋，避免对预埋件、预留管、及钢筋骨架造成破坏。

根据构件的层次、类型不同，在浇筑前需预先确认好混凝土标号、配合比、方量等信息；混凝土浇筑完成，应及时对被混凝土浆体污染的钢筋进行清理。

采用后浇混凝土或砂浆、灌浆料连接的预制构件结合面，制作时应按设计要求进行粗糙

图1-2-23　浇筑混凝土

面处理。设计无具体要求时，可采用化学处理、拉毛或凿毛等方法制作粗糙面。

预制构件混凝土收水抹面可分为**木质抹刀收平**和**金属抹刀收光**，收水抹面一般要进行3～4遍。预制构件与后浇混凝土的结合面或叠合面应按设计要求制成粗糙面和键槽。采用拉毛处理方法时应在混凝土达到初凝状态前完成，粗糙面的凹凸度差值不宜小于4 mm。

10. 养护

预制构件养护可采用**自然养护**和**加热养护**等养护方式，具体可根据气温、生产进度、构件类型、技术经济等影响因素选择合适的养护方式。

根据场地条件及预制工艺的不同，加热养护方式可分为：**平台加罩养护**和**立体养护窑**等，分别适用于固定台座和流水线生产组织方式，其中立体养护窑占地面积小，而且单位养护能耗较低。

11. 拆模、养护

预制构件脱模宜先从侧模开始，先拆除固定预埋件的夹具，再打开其它模板。拆侧模时，不应损伤预制构件，不得使用振动方式拆模。

预制构件起吊前，应确认构件与模具间的连接部分完全拆除后方可起吊。

预制构件拆模起吊前应检验其同条件养护的混凝土试块抗压强度，达到设计要求且在15 MPa以上方可拆模起吊；否则应按起吊受力验算结果并通过实物起吊验证确定安全起吊混凝土强度值。

图1-2-24　拆模、养护

预制构件脱模后如需进行修整，应符合下列要求：

（1）在预制构件堆放区域旁应设置专门的整修场地，在整修场地内可对刚脱模的构件进行清理、质量检查和修补。

（2）对于预制构件各种类型的外观缺陷，预制构件生产企业应制定相应的修补方案，并配有相应的修补材料和工具。

（3）预制构件应在修补合格后再驳运至合格品堆放场地。

1.2.4 质量检测

1. 预制构件生产过程验收

（1）预制构件生产过程验收制度

工厂编制《预制构件生产质量管理制度》，制度中明确构件生产中各部门质量管理的职责，流程如下：

① 由生产部钢筋组、木工组组长带领班组成员自检，检查完成，签字确认；

② 由生产部负责人对班组自检情况进行签字确认；

③ 质检员专检，检查完成，签字确认，浇筑混凝土。

（2）预制构件生产过程验收内容

由班组及质检员对预制构件钢筋、模板、混凝土、隐蔽工程所含验收项目进行全数检查，并进行全过程质量验收记录表填写。

2. 预制构件出厂检验

（1）预制构件成品验收制度

工厂编制《成品构件质量检查制度》，制度中明确构件出厂各部门质量管理的职责，流程如下：

① 由质量员进行各类型预制构件的成品检查，将发现的问题进行记录，填写“预制构件整改通知单”，发送至生产部进行整改。

② 生产部负责人在完成整改任务后，填写“预制构件整改回复单”，交质量员，由质量员进行复验，直至验收合格。

③ 预制构件出厂前，由质量员填写“预制构件成品构件出厂检查单”，交吊装部。

④ 吊装部凭“预制构件成品构件出厂检查单”安排相应构件出厂。

（2）预制构件成品验收内容

预制构件成品验收项目包括：构件长宽高；平整度；对角线差；预留孔洞数量、规格及位置；预埋件数量、规格及位置；预留插筋数量、规格及位置；粗糙面是否符合设计要求等。

表 1-2-1　钢筋分项工程(原材料、钢筋加工)检验批质量验收记录

工程名称		检验批部位		施工执行标准名称及编号	
工程施工单位名称		项目经理		专业工长	
分包单位		分包项目经理		施工班组长	

续 表

<table>
<tr><td colspan="3">序号</td><td colspan="3">GB 50204—2015 的规定</td><td>施工单位
检查评定记录</td><td>监理(建设)
单位验收记录</td></tr>
<tr><td rowspan="5">主控项目</td><td rowspan="3">原材料</td><td>1</td><td colspan="3">钢筋的力学性能检查。</td><td></td><td></td></tr>
<tr><td>2</td><td colspan="3">有抗震设防要求的框架结构，纵向受力钢筋强度。</td><td></td><td></td></tr>
<tr><td>3</td><td colspan="3">钢筋的化学成分检验或其他专项检验。</td><td></td><td></td></tr>
<tr><td rowspan="2">钢筋加工</td><td>4</td><td colspan="3">受力钢筋的弯钩和弯折加工。</td><td></td><td></td></tr>
<tr><td>5</td><td colspan="3">非焊接封闭环式箍筋的加工。</td><td></td><td></td></tr>
<tr><td rowspan="7">一般项目</td><td>原材料</td><td>1</td><td colspan="3">钢筋应平直、无损伤，表面不得有裂纹、油污、颗粒状或片状老锈。</td><td></td><td></td></tr>
<tr><td rowspan="6">钢筋加工</td><td>2</td><td colspan="3">钢筋调直宜采用机械方法，也可采用冷拉方法。当采用冷拉方法调直钢筋时，HPB300 级钢筋的冷拉率不宜大于 4%，HRB335 级、HRB400 和 RRB400 级钢筋的冷拉率不宜大于 1%。</td><td></td><td></td></tr>
<tr><td rowspan="5">3</td><td colspan="3">钢筋加工的形状、尺寸应符合设计要求，其偏差应符合下表的规定。</td><td></td><td></td></tr>
<tr><td>项次</td><td>项目(钢筋加工)</td><td>允许偏差
(mm)</td><td></td><td></td></tr>
<tr><td>1</td><td>受力钢筋顺长度方向全长的净尺寸</td><td>±10</td><td></td><td></td></tr>
<tr><td>2</td><td>弯起钢筋的弯折位置</td><td>±20</td><td></td><td></td></tr>
<tr><td>3</td><td>箍筋内净尺寸</td><td>±3</td><td></td><td></td></tr>
<tr><td colspan="3">施工单位检查评定结果</td><td colspan="5">专业质量检查员：
年 月 日</td></tr>
<tr><td colspan="3">监理(建设)单位验收结论</td><td colspan="5">监理工程师(建设单位项目专业技术负责人)：
年 月 日</td></tr>
</table>

表 1-2-2 钢筋分项工程(钢筋连接、钢筋安装)检验批质量验收记录

工程名称		检验批部位		施工执行标准名称及编号	
施工单位		项目经理		专业工长	
分包单位		分包项目经理		施工班组长	

续 表

序号			GB 50204—2015 的规定	施工单位检查评定记录	监理(建设)单位验收记录
主控项目	钢筋连接	1	纵向受力钢筋的连接方式应符合设计要求。		
		2	在施工现场、应按国家现行标准《钢筋机械连接技术规程》(JGJ 107—2016)、《钢筋焊接及验收规程》(JGJ 18—2012)的规定抽取钢筋机械连接接头、焊接接头试件作力学性能检验,其质量应符合有关规程的规定。		
	钢筋安装	3	钢筋安装时,受力钢筋的品种、级别、规格和数量必须符合设计要求。		
一般项目	钢筋连接	1	钢筋的接头宜设置在受力较小处。同一纵向受力钢筋不宜设置两个或两个以上接头。接头末端至钢筋弯起点的距离不应小于钢筋直径的 10 倍。		
		2	在施工现场,应按国家现行标准《钢筋机械连接技术规程》(JGJ 107—2016)、《钢筋焊接及验收规程》(JGJ 18—2012)的规定对钢筋机械连接接头、焊接接头的外观进行检查,其质量应符合有关规程的规定。		
		3	当受力钢筋采用机械连接接头或焊接接头时,设置在同一构件内的接头宜相互错开。		
		4	同一构件中相邻纵向受力钢筋的绑扎搭接接头宜相互错开,绑扎搭接接头中钢筋的横向净距不应小于钢筋直径。且不应小于 25 mm		
		5	梁、柱类构件的纵向受力钢筋搭接长度范围内的箍筋配置。		

序号			项次	项目(钢筋安装位置)			允许偏差(mm)	施工单位检查评定记录	监理(建设)单位验收记录
一般项目	钢筋安装	6	1	绑扎钢筋网	长、宽		±10		
					网眼尺寸		±20		
			2	绑扎钢筋骨架	长		±10		
					宽、高		±5		
			3	受力钢筋	间距		±10		
					排距		±5		
					保护层厚度	基础	±10		
						柱、梁	±5		
						板、墙、壳	±3		
			4	绑扎箍筋、横向钢筋间距			±20		
			3	钢筋弯起点位置			20		
			6	预埋件	中心线位置		5		
					水平高度		+3,0		

续　表

施工单位检查评定结果	专业质量检查员： 年　　月　　日
监理（建设）单位验收结论	监理工程师（建设单位项目专业技术负责人）： 年　　月　　日

表 1-2-3　模板分项工程（预制构件模板安装）检验批质量验收记录

工程名称		检验批部位		施工执行标准名称及编号	
施工单位		项目经理		专业工长	
分包单位		分包项目经理		施工班组长	
序号		GB 50204—2015 的规定		施工单位检查评定记录	监理（建设）单位验收记录
主控项目	1	安装现浇结构的上层模板及其支架时，下层楼板应具有承受上层荷载的承载能力，或加设支架；上、下层支架的立按应对准，并铺设垫板。			
主控项目	2	在涂刷模板隔离剂时，不得沾污钢筋和混凝土接槎处。			
一般项目	1	模板安装应满足下列要求： 1. 模板的接缝不应漏浆；在浇筑混凝土前，木模板应浇水湿润，但模板内不应有积水； 2. 模板与混凝土的接触面应清理干净并徐刷隔离剂，但不得采用影响结构性能或妨碍装饰工程施工的隔离剂； 3. 浇筑混凝土前，模板内的杂物应清理干净； 4. 对清水混凝土工程及装饰混凝土工程，应使用能达到设计效果的模板。			
一般项目	2	用作模板的地坪、胎模等应平整光洁，不得产生影响构件质量的下沉、裂缝、起砂或起鼓。			
一般项目	3	对跨度不小于 4 m 的现浇钢筋混凝土梁、板，其模板应按设计要求起拱；当设计无具体要求时，起供高度宜为跨度的 1/1000～3/1000。			
一般项目	4	固定在模板上的预埋件、预留孔和预留洞均不得遗漏，且应安装牢固，其偏差应符合下表的规定。			
		项次	项目（预埋件和预留孔洞）	允许偏差(mm)	
		1	预埋钢板中心线位置	3	
		2	预埋管、预留孔中心线位置	3	
		3	插　筋　中心线位置	5	
			插　筋　外露长度	+10.0	

续 表

一般项目	4	4	预埋螺柱	中心线位置	2		
				外露长度	+10.0		
			预留洞	中心线位置	10		
				尺　寸	+10.0		
	5	项次	项目(预制构件模板安装)		允许偏差(mm)		
		1	长度	板、梁	±5		
				薄腹眼,桁架	±10		
				柱	0,−10		
				墙板	0,−5		
		2	宽度	板、墙板	0,−5		
				梁、薄腹梁、桁架、柱	+2,−5		
		3	高(厚)度	板	+2,−3		
				墙板	0,−5		
				梁、薄腹梁、桁架、柱	+2,−5		
		4	侧向弯曲	梁、板、桩	$L/1000$ 且≤15		
				墙板、薄腹梁、桁架	$L/1500$ 且≤15		
		5	板的表面平整度		3		
		6	相邻两板表面高低差		1		
		7	对角线差	板	7		
				墙板	5		
		8	翘曲	板、墙板	$L/1500$		
		9	设计起拱	薄腹梁、桁架、梁	±3		
施工单位检查评定结果	项目专业质量检查员： 年　月　日						
监理(建设)单位验收结论	监理工程师(建设单位项目专业技术负责人)： 年　月　日						

表 1-2-4　混凝土分项工程(原材料、配合比设计)检验批质量验收记录

工程名称		检验批部位		施工执行标准名称及编号	
施工单位		项目经理		专业工长	
分包单位		分包项目经理		施工班组长	
序号	GB 50204—2015 的规定			施工单位检查评定记录	监理(建设)单位验收记录

续　表

工程名称		检验批部位		施工执行标准名称及编号	
主控项目	1	水泥质量及复验。			
	2	混凝土中掺用外加剂的质量及应用技术应符合国家现行规范、标准的规定。			
	3	混凝土中氯化物和碱的总含量应符合现行国家标准《混凝土结构设计规范》(GB 50010—2020)和设计的要求。			
	4	混凝土的配合比设计。			
一般项目	1	混凝土中掺用矿物掺合料的质量应符合现行国家标准《用于水泥和混凝土中的粉煤灰》(GB 1596—2017)等的规定。矿物掺合料的掺量应通过试验确定。			
	2	普通混凝土所用和粗、细骨料的质量应符合国家现行标准《普通混凝土用砂、石质量及检验方法标准》(JGJ 52—2006)的规定。			
	3	拌制混凝土宜采用饮用水;当采用其他水源时,水质应符合国家现行标准《混凝土用水标准》(JGJ 63—2006)的规定。			
	4	首次使用的混凝土配合比应进行开盘鉴定,其工作性应满足设计配合比的要求。开始生产时应至少留置一组标准养护试件,作为验证配合比的依据。			
	5	混凝土拌制前,应测定砂、石含水率并根据测试结果调整材料用量,提出施工配合比。			
施工单位检查评定结果	专业质量检查员: 年　月　日				
监理(建设)单位验收结论	监理工程师(建设单位项目专业技术负责人): 年　月　日				

表 1-2-5　装配式结构分项工程(预制构件)检验批质量验收记录

工程名称		检验批部位		施工执行标准名称及编号	
施工单位		项目经理		专业工长	
分包单位		分包项目经理		施工班组长	
序号		GB 50204—2015 的规定		施工单位检查评定记录	监理(建设)单位验收记录
主控项目	1	预制构件应在明显部位标明生产单位、构件型号、生产日期和质量验收标志。构件上的预埋件、插筋和预留孔洞的规格、位置和数量应符合标准图或设计的要求。			
	2	预制构件的外观质量不应有严重缺陷。			
	3	预制构件不应有影响结构性能和安装、使用功能的尺寸偏差。			

续 表

一般项目	1	预制构件的外观质量不宜有一般缺陷。					
	2	项次	项　目		允许偏差(mm)		
		1	长度	板、梁	+10,−5		
				柱	+5,−10		
				墙板	±5		
				薄腹梁、桁架	+15,−10		
		2	宽度、高(厚)度	板、梁、柱、墙板、薄腹梁、桁架	+5		
		3	侧向弯曲	梁、柱、板	L/750 且≤20		
				墙板、薄腹梁、桁架	L/1000 且≤20		
		4	预埋件	中心线位置	10		
				螺栓位置	5		
				螺栓外露长度	+10,−5		
		5	预留孔	中心线位置	5		
		6	预留洞	中心线位置	15		
		7	主筋保护层厚度	板	+5,−3		
				梁、校、墙板、薄腹梁、桁架	+10,−5		
		8	对角线差	板、墙板	10		
		9	表面平整度	板、墙板、柱、梁	5		
		10	预应力构件预留孔道位置	梁、墙板、薄腹梁、桁架	3		
		11	翘曲	板	L/750		
				墙板	L/1000		
施工单位检查评定结果	项目专业质量检查员： 年　月　日						
监理(建设)单位验收结论	监理工程师(建设单位项目专业技术负责人)： 年　月　日						

表 1－2－6　预制混凝土厂合格证

<table>
<tr><td>工程名称</td><td colspan="2"></td><td>合格证编号</td><td></td><td></td></tr>
<tr><td>构件型号</td><td></td><td>规格</td><td></td><td>供应数量</td><td></td></tr>
<tr><td>制造厂</td><td colspan="2"></td><td></td><td>企业等级证</td><td></td></tr>
<tr><td>标准图号或
设计图纸号</td><td colspan="2"></td><td></td><td>混凝土设计
强度等级</td><td></td></tr>
<tr><td>混凝土浇筑日期</td><td colspan="2"></td><td></td><td>构件出厂日期</td><td></td></tr>
</table>

<table>
<tr><td rowspan="6">性能检测评定结果</td><td>混凝土</td><td colspan="3">主　　筋</td></tr>
<tr><td>28 天抗压强度</td><td>试验编号</td><td>力学性能</td><td>工艺性能</td></tr>
<tr><td></td><td></td><td></td><td></td></tr>
<tr><td colspan="4">外　　观</td></tr>
<tr><td colspan="2">质量状况</td><td colspan="2">规格尺寸</td></tr>
<tr><td colspan="2">合格</td><td colspan="2">合格</td></tr>
<tr><td>结论</td><td colspan="2"></td><td>备注</td><td></td></tr>
</table>

<table>
<tr><td rowspan="2">生产单位

（公章）</td><td>技术负责人</td><td>质检员</td><td rowspan="2">填表日期</td></tr>
<tr><td></td><td></td></tr>
</table>

1.2.5　小　结

本节基于预制混凝土框架柱生产过程的分析，以工程实际预制混凝土框架柱的生产过程为主线，对预制混凝土框架柱的生产准备、生产工艺和质量标准进行了介绍。通过学习，你将能够根据实际工程对预制混凝土框架柱生产进行生产准备，根据施工图、相关标准图集等资料制定生产方案，在生产现场进行安全、技术、质量管理控制，正确使用检测工具对生产质量进行检查验收。

任务三 预制混凝土叠合梁生产

学习目标

通过本任务的学习和实训，主要掌握：

(1) 根据工程实际合理进行预制混凝土叠合梁生产准备

(2) 预制混凝土叠合梁生产工艺

(3) 正确使用检测工具对预制混凝土叠合梁生产质量进行检查验收

预制混凝土叠合梁生产流程：绑扎钢筋→套管、吊点、支撑点等预埋→安装模板→清理模板→刷脱模剂→钢筋入模→混凝土浇筑、养护→拆模、继续养护

图1-3-1 预制混凝土叠合梁生产流程

1.3.1 生产任务

请根据图完成预制混凝土叠合梁生产。

预制混凝土叠合梁生产

1.3.2 生产准备

1. 技术准备

请根据某框架梁生产图(图1-3-2～图1-3-4)和使用金属件一览表(表1-3-1)计算梁混凝土工程量，并画出梁的立体图。

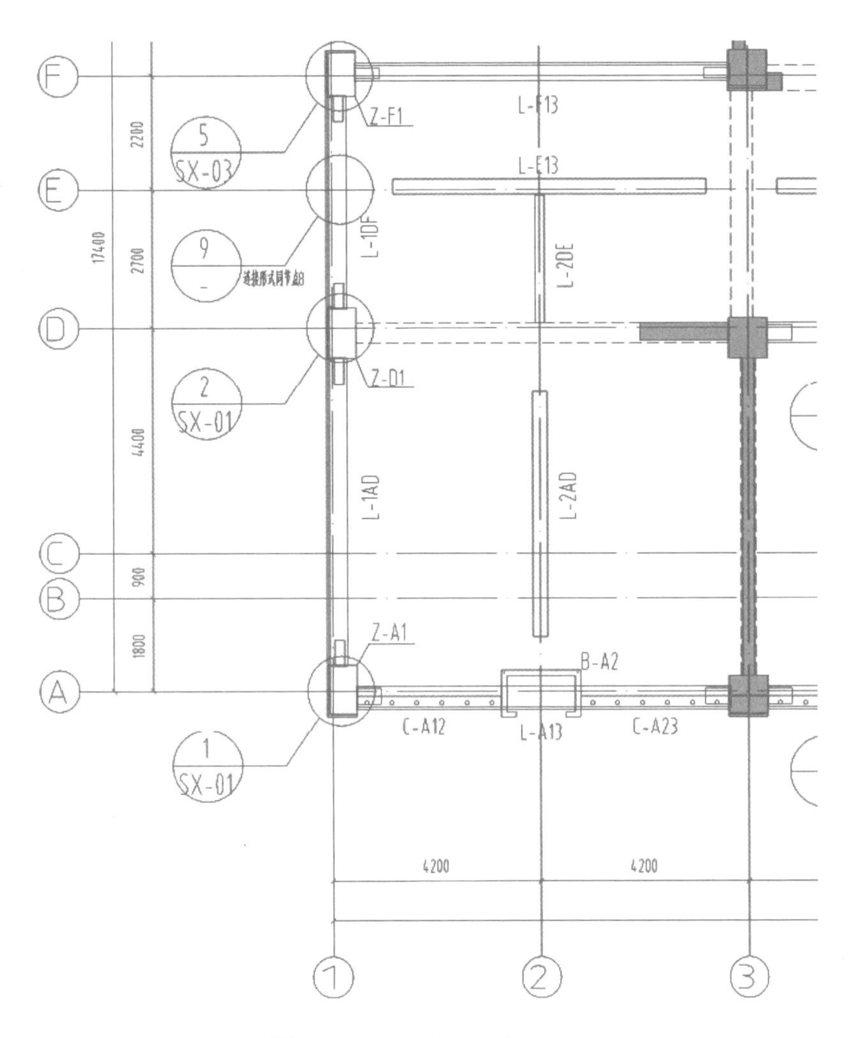

图1-3-2　梁柱平面布置图

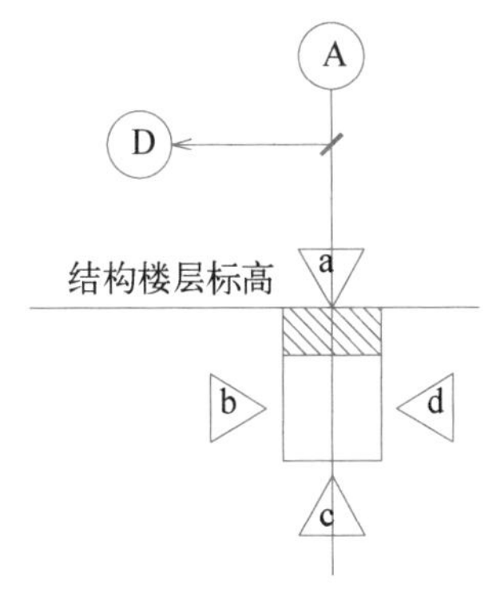

图1-3-3　投影面示意图

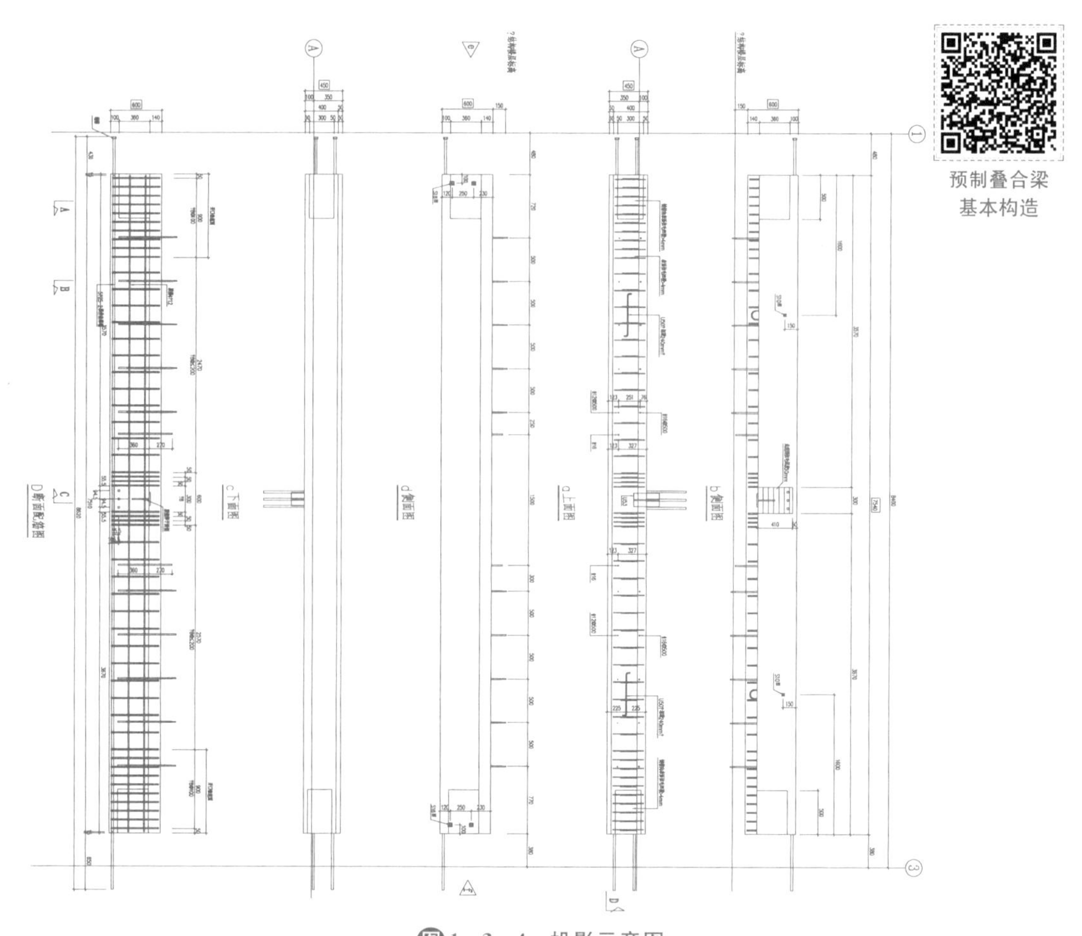

图1-3-4　投影示意图

表1-3-1　使用金属件一览表

编号	功能	图例	数量	规格	备注
U50	吊装用		2	Φ18	
S16	模板用		4	M14(P)L=30	
U53	梁端抗剪型钢		1	T－150×300 L=300	
S10	斜撑用		2	M16(0)L=100	

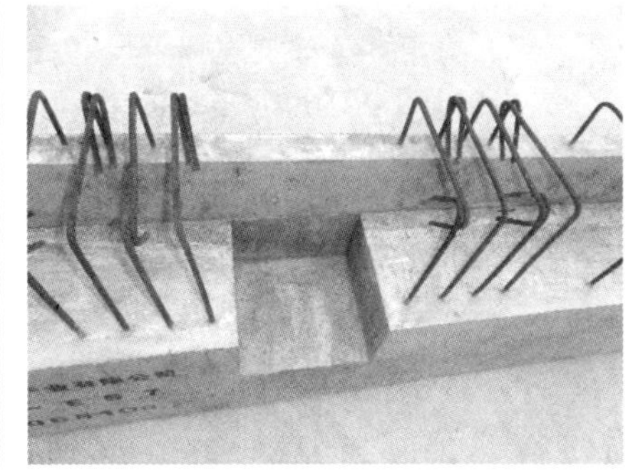

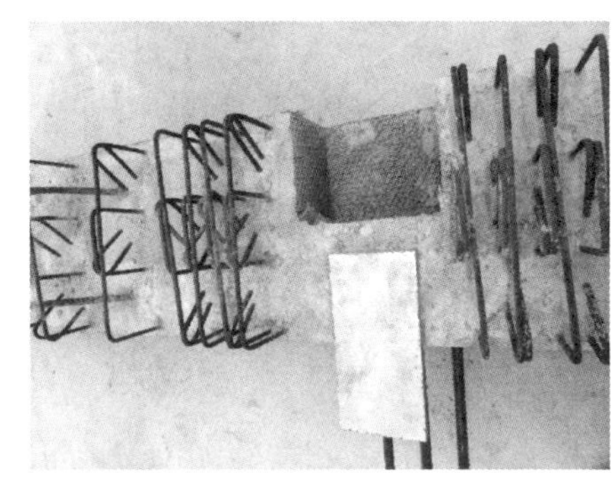

图1-3-5 预制混凝土叠合梁

2. 材料准备

预制构件生产所用材料符合设计要求及国家相关规范、标准要求。

3. 模具准备

由装配式混凝土框架结构梁柱节点(图1-2-16),叠合梁与后浇混凝土叠合层之间的结合面应设置粗糙面,预制梁的断面设置键槽,且宜设置粗糙面,粗糙面凹凸深度不应小于6 mm。叠合梁工厂生产采用水平生产,模具包括侧模、梁端模板(图1-3-6)、键槽模具(图1-3-7)等。

图1-3-6 叠合梁模具

图1-3-7 梁端键槽模具设计

为了确保梁纵筋在浇筑混凝土过程中发生移位，在两端钢筋外伸端头安装钢筋固定模具，位置准确后用螺丝固定，如图1-3-8和1-3-9所示。

图1-3-8 钢筋定位模具设计

图1-3-9 梁筋定位模具设计

对于边梁，为了方便后浇混凝土叠合层模板支设和控制叠合层厚度，设计在叠合梁外侧设置侧板，模具设计组成如图 1-3-10 所示。

图1-3-10 边梁叠合层侧模模具

1.3.3 生产工艺

1. 模具清理

拆模后，用铁铲将模具上的混凝土清理掉，用安装了钢丝轮的角磨机将模具上残留的混凝土渣打磨干净，模具表面要见金属色，不能有残渣或锈蚀，以用手擦拭手上无浮灰为标准。

所有模具拼接处(侧模和底板接缝)均清理干净，保证无杂物残留。确保组模时无尺寸偏差。模具上边沿必须清理干净，有利于抹面时边角收光平整，保证厚度。所有工装、模具及模具周围地面全部清理干净，无残留混凝土，清理下来的混凝土残渣要及时收集到指定的工装器具器内。

图1-3-11 模具清理

图1-3-12 安装侧模

2. 安装侧模

模具组装前，确认准备的模具组件是否属于该构件，进行整理以确认各种部件是否齐全，进行模具的尺寸确认，应仔细检查模板是否有损坏、缺件现象，如模具发生不平整、弯曲、变形等情况时，应进行修复，无法修复的，予以报废，然后按照模具组装图的要求进行模具的安装。选择正确型号侧板和顺序进行拼装，用定位销对好位后再用螺栓紧固，如图 1－3－12 所示。

3. 刷脱模剂

模板安装后使用规定的脱膜剂并使用专用擦布均匀地涂抹到位，不可涂抹过度；脱模剂必须在钢筋安装前进行，钢筋及预埋件上不得附着脱膜剂。

图1－3－13　刷脱模剂

图1－3－14　钢筋绑扎

图1－3－15　钢筋骨架入模

4. 钢筋绑扎、入模

梁钢筋骨架比较大时，可以采用搭设脚手架支架的方式(图 1－3－14)进行绑扎，用利用吊装设备吊装放入梁模具内(图 1－3－15)。

在施工条件允许的情况下，叠合梁箍筋宜采用闭口箍筋，如图 1－3－16(a)所示，在抗震等级为一、二级的叠合框架梁梁端加密区中应尽量采用闭口箍筋。当采用闭口箍筋不便安装上部纵筋时，可采用组合封闭箍筋，即开口箍筋加箍筋帽的形式，如图 1－3－16(b)所示。开口箍及箍筋帽两端均采用 135°弯钩；箍筋弯钩端头平直段长度抗震构件不应小于 10 d，非抗震构件不应小于 5 d。

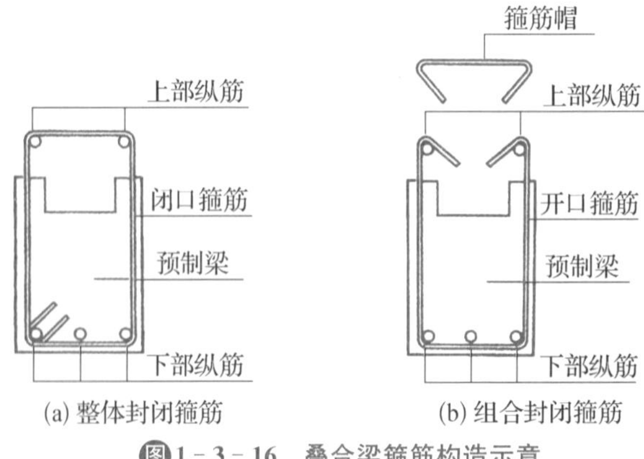

(a) 整体封闭箍筋　　(b) 组合封闭箍筋

图1－3－16　叠合梁箍筋构造示意

5. 安装梁端键槽模板

图1-3-17 安装梁端键槽模板

6. 安装叠合层边模模板

按照设计方案,安装叠合层边模模板,如图1-3-18所示。

图1-3-18 安装叠合层边模模板

7. 安装钢筋定位模板、预埋件

对于梁侧面预留次梁钢筋以及两端外神出梁端的纵筋,需要安装钢筋定位模具,如图1-3-19。

图1-3-19 安装钢筋定位模板、预埋件

8. 隐蔽工程验收

隐蔽工程隐蔽之前需要进行隐蔽工程验收,包括以下内容:

(1) 钢筋的牌号、规格、数量、位置、间距等;

(2) 纵向受力钢筋的连接方式、接头位置、接头质量、接头面积百分率、搭接长度等;

(3) 箍筋、横向钢筋的牌号、规格、数量、位置、间距,箍筋弯钩的弯折角度及平直段长度;

(4) 预埋件、吊环、插筋的规格、数量、位置等;

(5) 灌浆套筒、预留孔洞的规格、数量、位置等;

(6) 钢筋的混凝土保护层厚度;

(7) 夹心外墙板的保温层位置、厚度,拉结件的规格、数量、位置等;

(8) 预埋管线、线盒的规格、数量、位置及固定措施;

(9) 预制构件尺寸允许偏差及检验方法见表 1-1-18。

隐蔽工程验收完成后,在浇筑混凝土之前,需要对梁上部钢筋进行保护,防止浇筑混凝土时被混凝土覆盖影响后期叠合层施工质量,可以采用透明胶带覆盖的方式,如图 1-3-20 所示。

图1-3-20 混凝土浇筑、振捣

9. 混凝土浇筑、振捣

根据叠合梁的特点,混凝土浇筑采用手工浇筑和人工料斗浇筑相结合的方式,采用手持式振捣棒振捣,根据振捣情况随时手工补充混凝土。

混凝土振捣过程中应随时检查模具有无漏浆、变形或预埋件有无位移等现象,混凝土振捣完成后,把高出的混凝土铲平,并将料斗、模具外表面、外露钢筋、模台及地面清理干净。

10. 拆模、养护

当梁达到强度后,进行拆模。模具拆除后,梁进行自然养护,冬天根据工厂实际情况选择自然养护或蒸汽养护。达到起吊强度后,可以吊运至构件堆场继续进行养护。

图1-3-21 拆模

1.3.4　质量检测

质量检测详见 1.1.4 节内容，参照表 1－1－17 和表 1－1－18 执行。

1.3.5　小　结

本节基于预制混凝土叠合梁生产过程的分析，以工程实际预制混凝土叠合梁的生产过程为主线，对预制混凝土叠合梁的生产准备、生产工艺和质量标准进行了介绍。通过学习，你将能够根据实际工程对预制混凝土叠合梁生产进行生产准备，根据施工图、相关标准图集等资料制定生产方案，在生产现场进行安全、技术、质量管理控制，正确使用检测工具对生产质量进行检查验收。

任务四　预制混凝土楼梯生产

预制混凝土楼梯生产

学习目标

通过本任务的学习和实训，主要掌握：

(1) 根据工程实际合理进行预制混凝土楼梯生产准备；

(2) 预制混凝土楼梯生产工艺；

(3) 正确使用检测工具对预制混凝土楼梯生产质量进行检查验收。

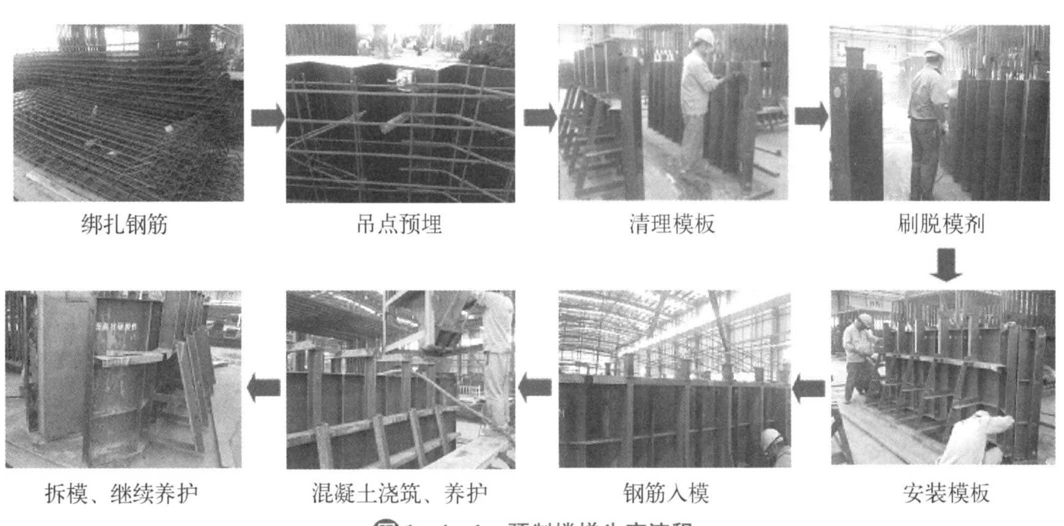

图1－4－1　预制楼梯生产流程

1.4.1 生产任务

生产预制钢筋混凝土楼梯，选自《预制钢筋混凝土板式楼梯》(15G367－1)(以下简称图集)，编号为JT－28－25。标准层层高2 800 mm，抗震设防烈度7度，结构抗震等级三级。混凝土强度等级为C30，使用强度等级为42.5的普通硅酸盐水泥，设计配合比为1∶1.4∶2.6∶0.55(其中水泥用量为429 kg)，现场砂含水率为2%，石子含水率为1.5%。

1.4.2 生产准备

1. 技术准备

生产前完成图纸交底，形成预制混凝土楼梯生产任务单(表1－4－1)。

表1－4－1 预制混凝土楼梯生产任务单

工程名称：

<table>
<tr><td>构件编号</td><td></td><td>规格</td><td>JT－28－25</td><td>净尺寸</td><td></td></tr>
<tr><td>砼标号</td><td>C30</td><td>砼体积(m^3)</td><td></td><td>重量(t)</td><td></td></tr>
<tr><td colspan="6">模板图

配筋图

钢筋表

</td></tr>
</table>

本工程生产任务为标准图集选用的楼梯，直接从图集15G367－1第28～30页查得楼梯安装图如图1－4－2、模板图如图1－4－3、配筋图如图1－4－4所示，图中给出了钢筋表。

➢ **思考**：JT－28－25代表什么含义？如何由编号确定楼梯的尺寸？

图集15G367－1中给出了剪刀楼梯和双跑楼梯两种预制楼梯的编号，楼梯选用表及示意图如图1－4－5。

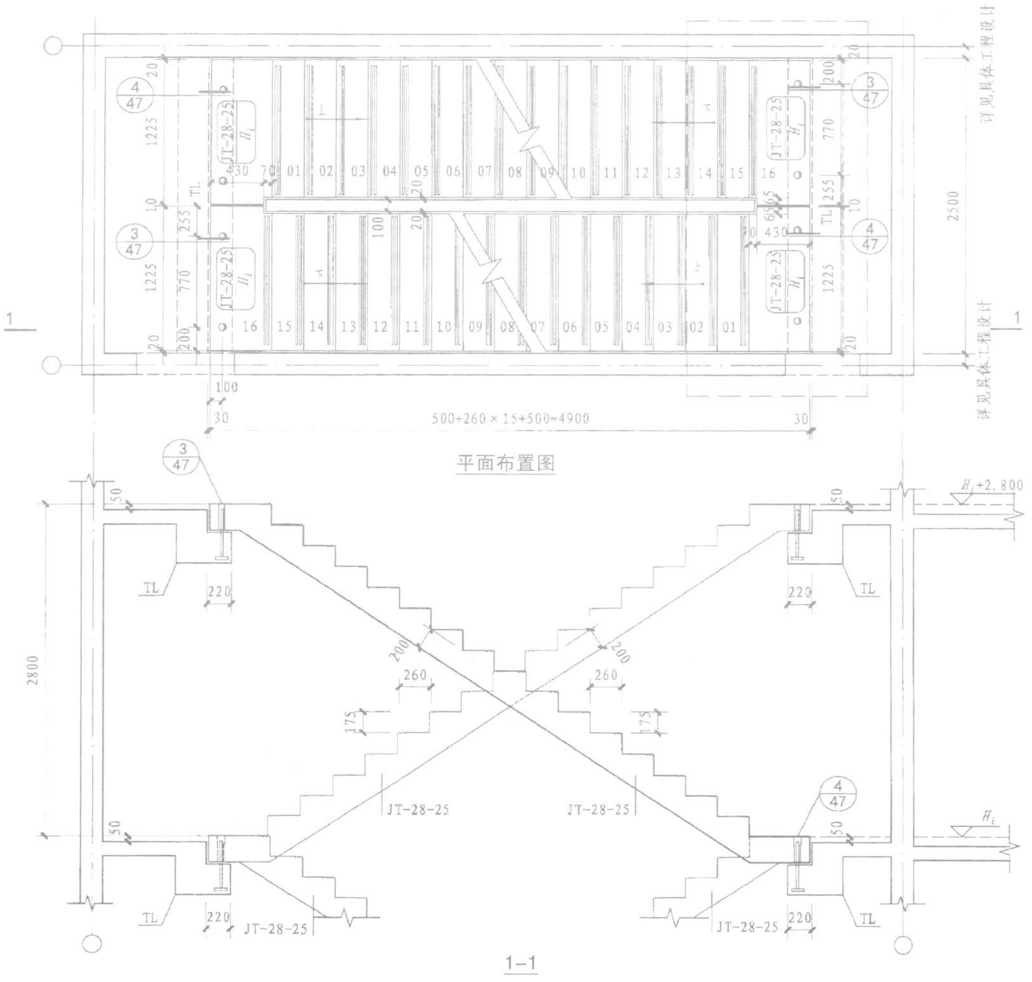

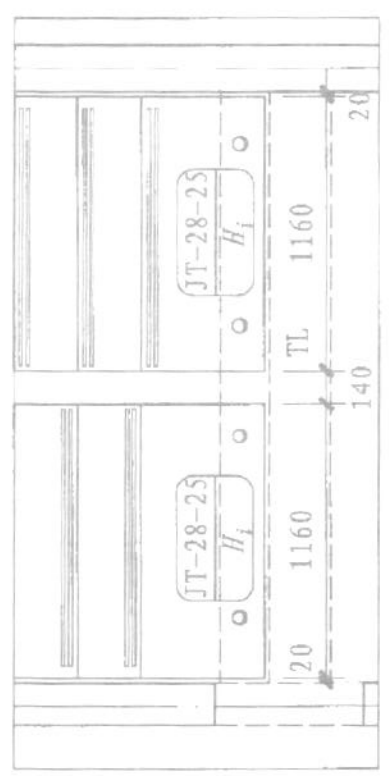

平面布置图

做法一

1-1

注：
1. 梯梁截面高度应满足建筑梯段的净高要求（避免碰头）。
2. 本图仅适用于标准层。
3. 因隔墙做法不同，预制楼梯的形状也可采用做法一。
4. H_i表示楼层标高；TL 详具体工程设计。

扫码查看

高清图片

图1-4-2　JT-28-25 安装图

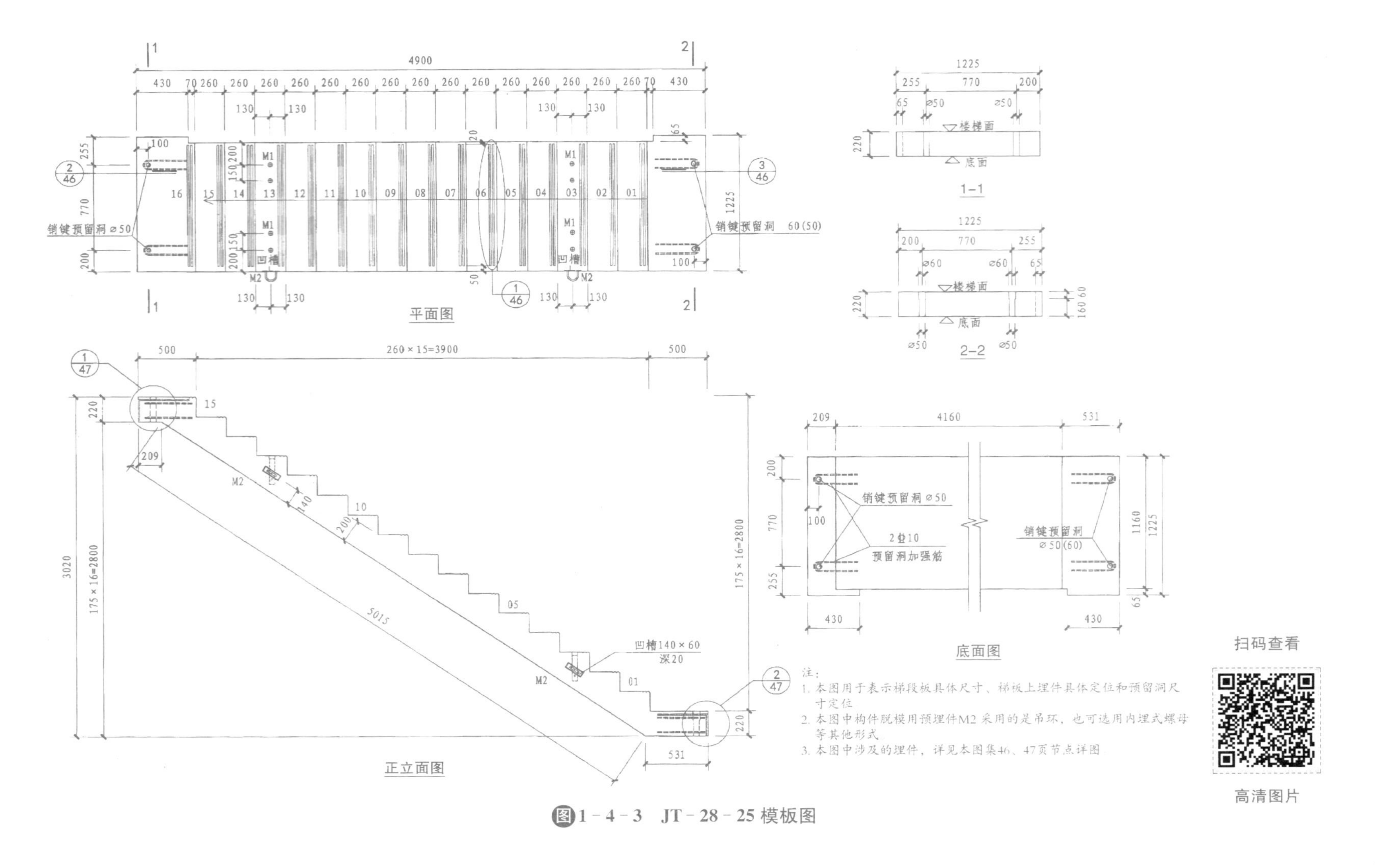

图1-4-3 JT-28-25模板图

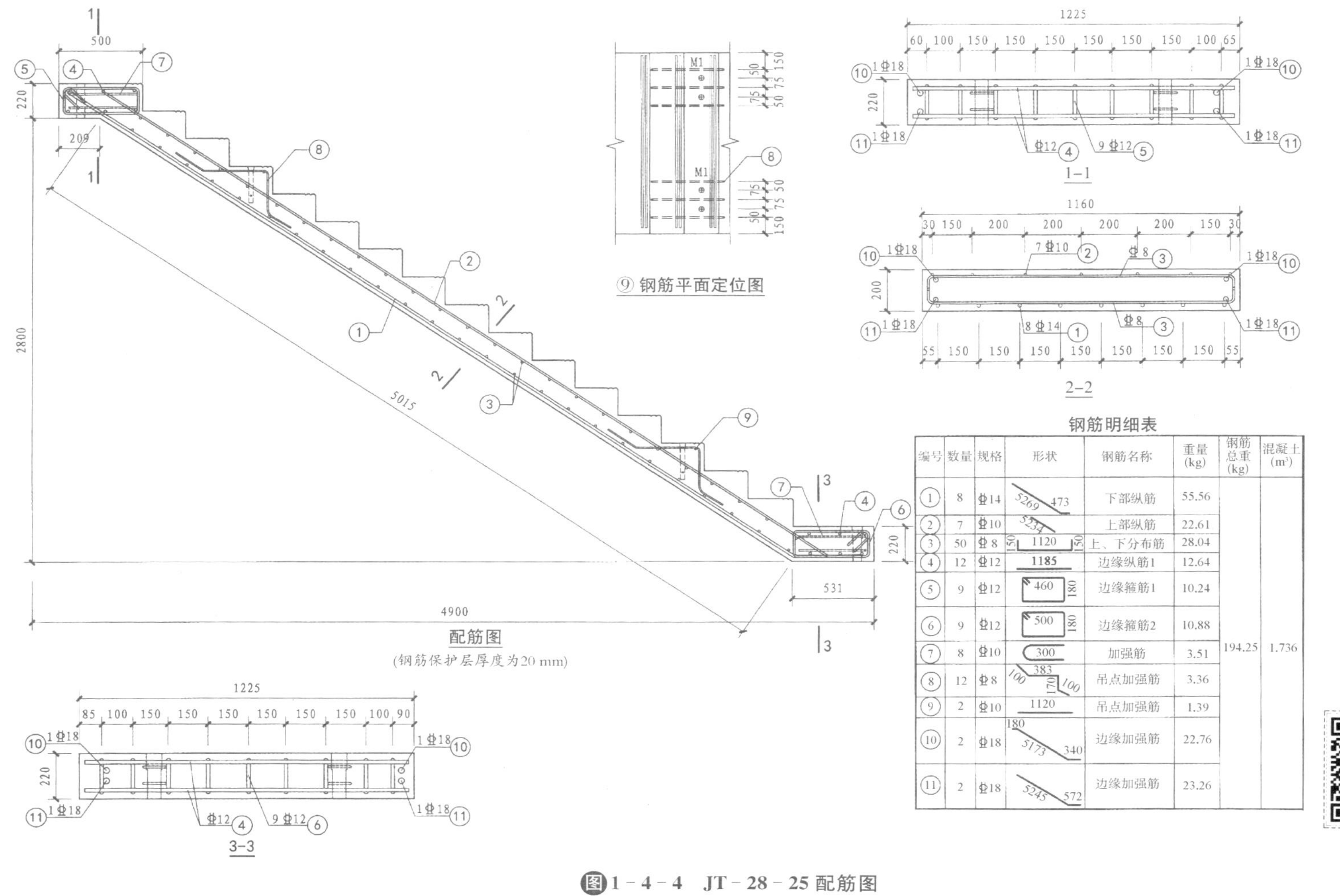

钢筋明细表

编号	数量	规格	形状	钢筋名称	重量(kg)	钢筋总重(kg)	混凝土(m^3)
①	8	Φ14	5269 473	下部纵筋	55.56	194.25	1.736
②	7	Φ10	5234	上部纵筋	22.61		
③	50	Φ8	150 1120 150	上、下分布筋	28.04		
④	12	Φ12	1185	边缘纵筋1	12.64		
⑤	9	Φ12	460 180	边缘箍筋1	10.24		
⑥	9	Φ12	500 180	边缘箍筋2	10.88		
⑦	8	Φ10	300	加强筋	3.51		
⑧	12	Φ8	100 383 170 100	吊点加强筋	3.36		
⑨	2	Φ10	1120	吊点加强筋	1.39		
⑩	2	Φ18	180 5173 340	边缘加强筋	22.76		
⑪	2	Φ18	5245 572	边缘加强筋	23.26		

图1-4-4 JT-28-25配筋图

楼梯选用表

楼梯样式	层高(m)	楼梯间宽度(净宽mm)	梯井宽度(mm)	梯段板水平投影长(mm)	梯段板宽(mm)	踏步高(mm)	踏步宽(mm)	钢筋重量(kg)	混凝土方量(m^3)	梯段板重(t)	梯段板型号	构件所在图集页号
双跑楼梯	2.8	2400	110	2620	1125	175	260	72.18	0.6524	1.61	ST-28-24	8~10、26、27
		2500	70	2620	1195	175	260	73.32	0.6931	1.72	ST-28-25	11~13、26、27
	2.9	2400	110	2880	1125	161.1	260	74.15	0.724	1.81	ST-29-24	14~16、26、27
		2500	70	2880	1195	161.1	260	75.29	0.7688	1.92	ST-29-25	17~19、26、27
	3.0	2400	110	2880	1125	166.6	260	74.83	0.7352	1.84	ST-30-24	20~22、26、27
		2500	70	2880	1195	166.6	260	75.97	0.7807	1.95	ST-30-25	23~26、26、27
剪刀楼梯	2.8	2500	140	4900	1160	175	260	194.35	1.736	4.34	JT-28-25	28~30、46、47
		2600	140	4900	1210	175	260	193.77	1.813	4.5	JT-28-26	31~33、46、47
	2.9	2500	140	5160	1160	170.6	260	206.67	1.856	4.64	JT-29-25	34~36、46、47
		2600	140	5610	1210	170.6	260	208.51	1.930	4.83	JT-29-26	37~39、46、47
	3.0	2500	140	5420	1160	166.7	260	213.26	1.993	4.98	JT-30-25	40~42、46、47
		2600	140	5420	1210	166.7	260	215.20	2.078	5.20	JT-30-26	43~45、46、47

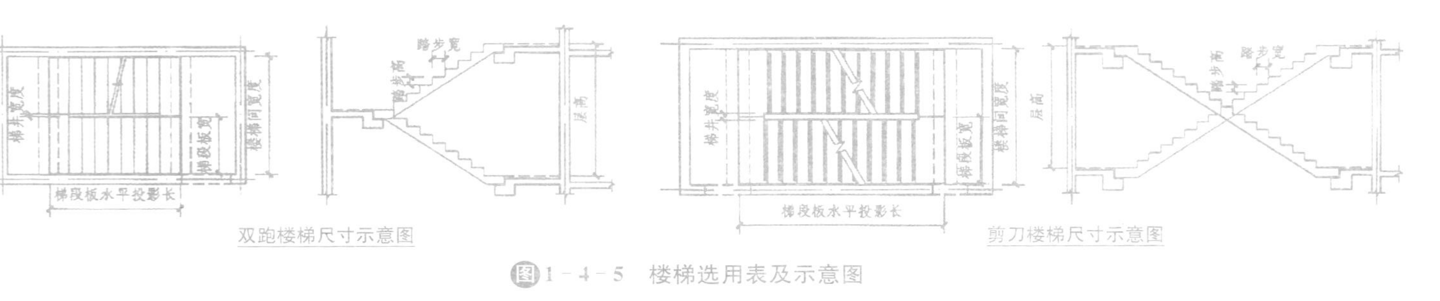

双跑楼梯尺寸示意图

剪刀楼梯尺寸示意图

图1-4-5 楼梯选用表及示意图

(1) 剪刀楼梯编号

JT - ×× - ××

楼梯类型　层高　楼梯间净宽

例如:JT-28-25表示剪刀楼梯,建筑层高2.8 m,楼梯间净宽2.5 m所对应的预制混凝土板式剪刀楼梯梯段。

图1-4-6　剪刀楼梯

(2) 双跑楼梯标号

ST - ×× - ××

楼梯类型　层高　楼梯间净宽

例如:ST-28-25表示双跑楼梯,建筑层高2.8 m,楼梯间净宽2.5 m所对应的预制混凝土板式双跑楼梯梯段。

读图1-4-5楼梯选用表及示意图,剪刀楼梯JT-28-25,建筑层高2.8 m,楼梯间净宽2500 mm,梯段宽度1160 mm,梯井宽度140 mm,1160+140+1160=2460 mm,为什么不是2500 mm?

读图1-4-2 JT-28-25安装图,看平面布置图和做法一详图,梯段与墙体之间有20 mm的缝隙,所以20+1160+140+1160+20=2500 mm。

楼梯板重4.34 t,梯段板水平投影长4900 mm,踏步高175 mm,踏步宽260 mm,钢筋重量194.25 kg,混凝土方量1.736 m^3。

2. 材料准备

(1) 钢筋用量

从图1-4-4 JT-28-25钢筋图中钢筋明细表可以查出具体钢筋配置。

图1-4-7　双跑楼梯

表 1－4－2　钢筋明细表

编号	数量	规格	形　状	钢筋名称	重(kg)	钢筋总量(kg)	混凝土(mm^2)
①	8	Φ14	5269 473	下部纵筋	55.56	194.25	1.736
②	7	Φ10	5234	上部纵筋	22.61		
③	50	Φ8	150 1120 150	上、下分布筋	28.04		
④	12	Φ12	1185	边缘纵筋 1	12.64		
⑤	9	Φ12	460 180	边缘箍筋 1	10.24		
⑥	9	Φ12	500 180	边缘箍筋 2	10.88		
⑦	8	Φ10	300	加强筋	3.51		
⑧	12	Φ8	100 383 170 100	吊点加强筋	3.36		
⑨	2	Φ10	1120	吊点加强筋	1.39		
⑩	2	Φ18	180 5173 340	边缘加强筋	22.76		
⑪	2	Φ18	5245 572	边缘加强筋	23.26		

Φ8 钢筋用量:28.04＋3.36＝31.4 kg

Φ10 钢筋用量:22.61＋3.51＋1.39＝27.51 kg

Φ12 钢筋用量:12.64＋10.24＋10.88＝33.76 kg

Φ14 钢筋用量:55.56 kg

Φ18 钢筋用量:22.76＋23.26＝46.02 kg

(2) 混凝土各组成材料用量

① 混凝土配合比计算

混凝土强度等级为 C30,使用强度等级为 42.5 的普通硅酸盐水泥,设计配合比为1∶1.4∶2.6∶0.55(其中水泥用量为 429 kg),设计配合比 1 m^3混凝土各组成材料的用量分别为:

$m_c=429$ kg,$m_s=602$ kg,$m_g=1\ 115$ kg,$m_w=236$ kg

现场砂含水率为 2%,石子含水率为 1.5%,施工配合比为

$m'_c=429$ kg

$m'_s=602\times(1+0.02)=614$ kg

$m'_g=1115\times(1+0.015)=1132$ kg

$m'_w = 236 - 602 \times 0.02 - 1115 \times 0.015 = 207$ kg

② 混凝土工程量

图 1-4-5 中钢筋明细表给出 JT-28-25 的混凝土土方量为 1.736 m^3，查表 1-1-9，混凝土预制构件制作工程量 $= 1.736 \times (1 + 1.5\%) = 1.76$ m^3

③ 混凝土各组成材料用量

水泥用量 $429 \times 1.76 = 755.04$ kg　砂子用量 $614 \times 1.76 = 1080.64$ kg

石子用量 $1132 \times 1.76 = 1192.32$ kg　水的用量 $207 \times 1.76 = 364.32$ kg

(3) 预埋件用量

由图 1-4-4 JT-28-25 模板图可知：

预埋件 M1：用于梯段板吊装，共 8 个，分别位于第 3 踏步和第 13 踏步，每个踏步上设置 4 个。沿梯段宽方向，距离梯段两边 200 mm 各放置一个，间距 150 mm 再各放一个，沿踏步宽度方向，位于踏步宽度中间，距离踏面边缘 130 mm。图集第 46 页，如图 1-4-8 所示。

预埋件 M2：脱模用预埋件，采用吊环，共 2 个，也可采用内埋式螺母等其他形式。图集第 46 页，如图 1-4-9 所示。

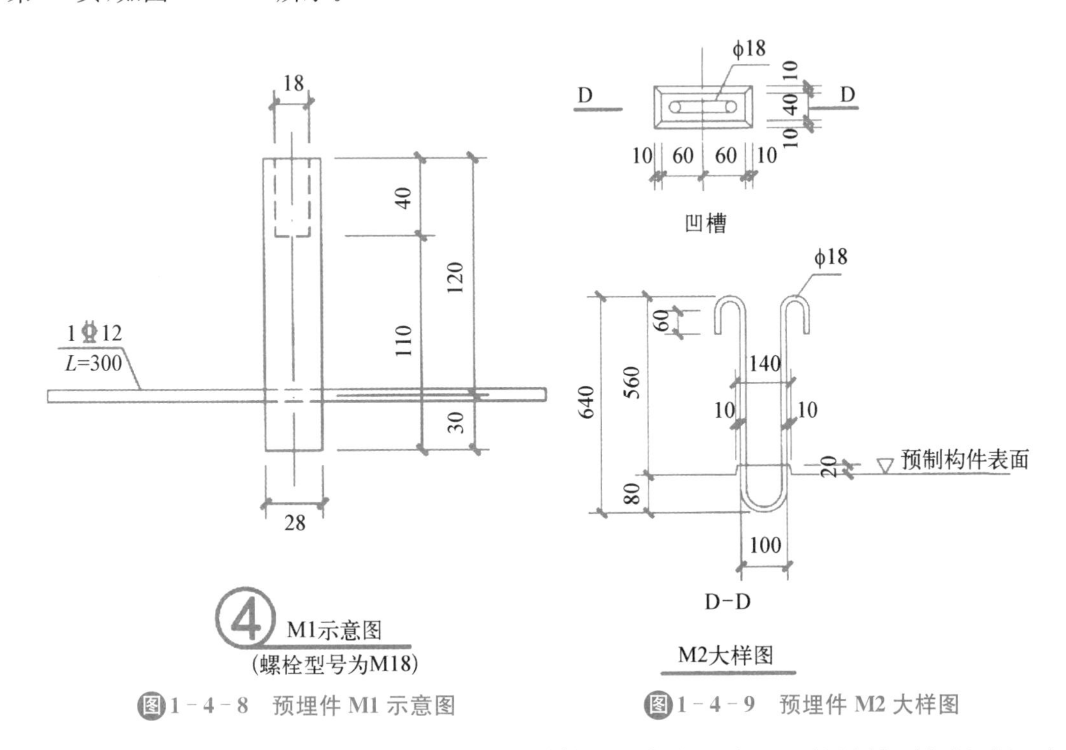

图 1-4-8　预埋件 M1 示意图　　图 1-4-9　预埋件 M2 大样图

预留洞口：读平面图，结合 1-1 剖面，上端休息平台有两个 ϕ50 的销键预留洞，洞口间距离为 770 mm，上端预留洞口制模板边缘距离为 100 mm、200 mm 和 255 mm；结合 2-2 剖面，下端休息平台有两个 ϕ60(50)的销键预留洞，洞上口直径 60 mm、深度 60 mm，洞下口直径 50 mm，深 160 mm，洞口间距离为 770 mm，预留洞口上口至模板边缘距离为100 mm、200 mm 和 255 mm，做法如图 1-4-10 所示。

栏杆扶手用预埋件：根据设计需要采用，如图 1-4-11 所示。

图1-4-10 预留洞口预埋件

图1-4-11 栏杆扶手用预埋件

图1-4-12 楼梯实例

3. 机具准备

所有生产设备调试完成，运转正常。

4. 模具准备

楼梯模具可分为平模和立模，见图0-3-3、图0-3-5。平模占用场地大，需要压光的面积较大，构件需要多次翻转，故推荐使用立模。本图集中梯段板采用立模生产工艺，当采用其他生产工艺时，还应进行脱模验算。

楼梯模具进场后要对照图纸进行检验。

检验项目：梯段及平台宽度、厚度、斜长、梯段厚度，踏步高度、宽度、平整度，休息平台厚度、宽度，预埋件中心线位置、螺栓位置，楼梯底面表面平整度。

检验数量：全部检验

检验方法：钢尺、施工线、吊锤、靠尺、塞尺检查。

由图1-4-4 JT-28-25模板图，根据图纸所注参数可得出模具的具体尺寸：

读平面图，模具长4900 mm，休息平台处宽度1255 mm，梯段板宽度1160 mm。结合1-1剖面，上端休息平台有两个A50的销键预留洞，洞口间距离为770 mm，上端预留洞口制模板边缘距离为100 mm、200 mm和255 mm；结合2-2剖面，下端休息平台有两个ϕ60(50)的销键预留洞，洞上口直径60 mm、深度60 mm，洞下口直径50 mm，深160 mm，洞口间距离为770 mm，预留洞口上口至模板边缘距离为100 mm、200 mm和255 mm。楼梯侧面有两个用于构件脱模用的预埋件M2，采用的是吊环，也可选用内埋式螺母等其他形式。平面图中有8个与模板边缘距离为200 mm、相邻距离为150 mm的预埋件M1，仅为施工过程中的吊装预埋件。

读正立面图，模具底板斜长5015 mm，下端水平长度531 mm和500 mm，上端水平长度209 mm和500 mm；竖直方向与梯梁相连处厚度220 mm，楼梯每一个踢面的高度175 mm，总垂直高度3020 mm，梯板垂直厚度200 mm，预埋件M2至梯板底面垂直厚度140 mm，位于踏面中线，距离踏面边缘130 mm，表面做140×60、深20的凹槽。上休息平台侧面做PE棒固定沟，如图1-4-13所示，下休息平台侧面做PE棒固定沟如图1-4-14所示。

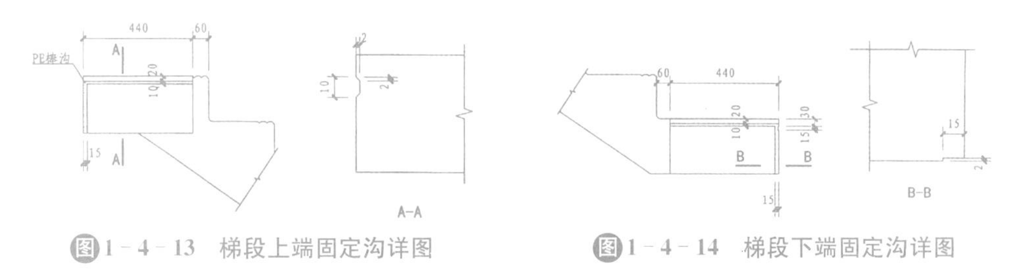

图 1-4-13　梯段上端固定沟详图

图 1-4-14　梯段下端固定沟详图

以上尺寸和做法可以通过合理设计模具来实现。

1.4.3　生产工艺

预制楼梯的生产工艺流程为绑扎钢筋→吊点预埋→清理模板→刷脱模剂→安装模板→钢筋入模→混凝土浇筑、养护→拆模、继续养护。

1. 清理模台、模具

拆模后，用铁铲将模具上的混凝土清理掉，用安装了钢丝轮的角磨机将模具上残留的混凝土渣打磨干净，模具表面要见金属色，不能有残渣或锈蚀，以用手擦拭手上无浮灰为标准。

所有模具拼接处(侧模和底板接缝)均清理干净，保证无杂物残留。确保组模时无尺寸偏差。模具上边沿必须清理干净，有利于抹面时边角收光平整，保证厚度。所有工装、模具及模具周围地面全部清理干净，无残留混凝土，清理轨道，保证滑轨轨道及周围的清洁度，推拉无任何阻力为标准，清理下来的混凝土残渣要及时收集到指定的工装器具器内。

图 1-4-15　清理模台、模具

2. 组装模板、模板检查、刷脱模剂

预制楼梯生产宜采用钢模具，由模具厂定制加工，校对生产计划、图纸、模具，确认三者无误后确定模具所在位置。

在模板拼接缝处粘贴海绵密封条(图 1-4-17)，海绵密封条要与模具边缘齐平且无间断、无褶皱，保证接缝密闭，防止漏浆。胶条不应在构件转角处搭接；若存在贴海绵密封条且仍存在漏浆的情况，对漏浆区域进行单独标记。在后续施工中该区域的海绵密封条单独加厚处理，以此类推直至该区域不漏浆为止。

组模前检查模具清理是否到位，若发现模具清理不干净，不得进行组模。组模时应仔细

图1－4－16　组装模具

检查模板

模具拼接部位不得有缝隙，确保模具各部位尺寸偏差控制在允许误差范围以内。

图1－4－17　预制楼梯模具组装

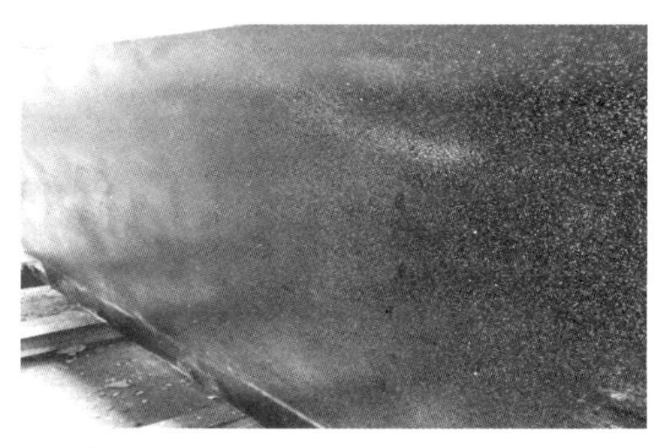

图1－4－18　脱模剂喷涂呈雾状标准

喷涂脱模剂前模具应按要求清理干净，脱模剂必须采用水性脱模剂，且需保证脱模剂干净无污染。

脱模剂应按实际使用要求进行稀释或配制。宜随配随用，前一天配置好的脱模剂原则上不得使用。经工段长确认无结块，摇晃均匀后可以使用。用高压喷枪喷涂脱模剂，均匀喷涂在模具与混凝土接触的表面及底模表面，不易喷到的边角部位采用刷子涂刷脱模剂。脱模剂喷涂不得有堆积、流淌现象，喷涂后应使用干净的棉质抹布擦拭一遍，涂刷脱模剂时严禁沾染钢筋及预埋件上。

模具外围涂刷防锈油，保证模具外围无混凝土余渣及锈斑，涂刷均匀保证防锈油无流挂等现象。

3. 钢筋生产安装

（1）钢筋骨架制作

预按图纸进行钢筋下料，首次加工时，钢筋下料人员复核尺寸是否符合图纸要求，不合格钢筋严禁使用。

检查纵向受力钢筋、横向钢筋、箍筋的牌号、规格、数量、位置、间距、连接方式、接头位置、接头质量、搭接长度、弯钩的弯折角度及平直段长度等，不合格立即整改。

绑扎钢筋时一般用顺扣或八字扣，上层钢筋应全数绑扎，下层钢筋除外围两根筋的相交点应全部绑扎外，其余各点可交错绑扎，钢筋绑扎丝甩扣应弯折向构件内侧；绑扎完成的钢筋骨架严禁剪切，割断，私自更改，成型钢筋骨架由钢筋工自检合格后，粘贴使用项目标识，并按指定区域摆放、备用。

（2）钢筋骨架安装

钢筋骨架应轻放入模，入模后不得移动钢筋骨架，钢筋笼平直、无损伤，表面不得有油污、颗粒状或片状老锈。

钢筋绑扎完成后，底下及靠近踏步面垫好砂浆或塑料垫块，一般四周靠近模具边侧 200～300 mm 开始垫设，间距不大于 1 m。垫块的厚度等于保护层厚度，并满足设计及规范要求。图纸对保护层厚度有要求的按照图纸要求垫放，图纸无要求，按 15 mm 控制，根据设计要求的形式、位置和数量配置钢筋马凳并绑扎牢固，以增强钢筋骨架的刚度和抗剪性能，两侧一般为“匚”形。梯段宽度超过 1100 mm，中间间距 1000 mm 增加一个I型钢筋马凳“⎍”。

进行预埋件加强筋绑扎固定，销键孔加强筋绑扎固定，严禁 U 型钢筋悬空安装。

钢筋安装完成后作业班组应进行自检，超差部位应修正至合格，自检合格后，应挂上铭牌，铭牌上应注明构件型号、施工班组、生产日期等信息。

图1-4-19　钢筋骨架使用工装进行绑扎

图1-4-20　钢筋骨架自检合格后分类堆放

图1-4-21　钢筋骨架安装入模

4. 预埋件安装

（1）踏步面安装预埋件

检查踏步面模板吊装件安装孔位置及大小、安装螺栓、吊装件、“龙眼”等是否准备齐全，“龙眼”上粘接的混凝土是否已完全清理干净并露出金属色。两人配合逐一安装“龙眼”和吊装预埋件，从踏步模板外侧穿入安装螺栓，将“龙眼”大面朝向模板套在螺栓上再拧上吊装埋件，将吊装埋件固定在踏步模板上，并紧固牢固(“龙眼”作用：浇筑成型后，预埋件位置形成下凹孔，现场预制楼梯安装后，吊装孔便于使用砂浆修补收面。)。加强筋安装(根据采用钢筋绑扎或焊接形式，确定施工顺序。加强筋有直条、U 型加强筋等形式。)，预埋件紧固牢固。

图 1-4-22　吊装预埋件、"龙眼"安装

图 1-4-23　销键预埋件安装

(2) 扶手栏杆预埋件

扶手栏杆预埋件位置、数量符合图纸设计要求，方正度符合要求，安装后必须将螺丝紧固到位，避免浇筑混凝土造成预埋件偏斜(图 1-4-24)。

图 1-4-24　扶手栏杆预埋件安装

图 1-4-25　吊装预埋件安装

(3) 凸台拐角预埋盒

预埋盒子清理干净，表面无混凝土残渣，预埋盒紧固到位，保证安装后无缝隙。

(4) 侧边吊装用螺纹钢套筒预埋件

检查侧边吊装预埋件的工装架是否齐全，位置是否正确，螺纹钢套筒、"龙眼"、安装螺栓等是否准备齐全，"龙眼"上粘接的混凝土是否已清理干净并露出金属色。将工装在侧模上安装牢固，逐一安装螺栓、"龙眼"、螺纹钢套筒，并将吊装预埋件紧固牢固，逐一检查吊装预埋件、"龙眼"等是否漏放，安装位置是否正确，是否安装牢固(图 1-4-25)。检查钢筋保护层是否合格要求，钢筋笼是否贴近钢模板，并及时进行调整。

图 1-4-26　预埋件安装

5. 隐蔽工程验收

混凝土浇筑前，应逐项对模具、钢筋、钢筋连接用灌浆套筒、拉结件、预埋件、预留孔洞、混凝土保护层厚度等进行检查和验收。

(1) 钢筋的牌号、规格、数量、位置、间距等；
(2) 纵向受力钢筋的连接方式、接头位置、接头质量、接头面积百分率、搭接长度等；
(3) 箍筋、横向钢筋的牌号、规格、数量、位置、间距，箍筋弯钩的弯折角度及平直段长度；
(4) 预埋件、吊环、插筋的规格、数量、位置等；
(5) 灌浆套筒、预留孔洞的规格、数量、位置等；
(6) 钢筋的混凝土保护层厚度；
(7) 夹心外墙板的保温层位置、厚度，拉结件的规格、数量、位置等；
(8) 预埋管线、线盒的规格、数量、位置及固定措施；
(9) 预制构件尺寸允许偏差及检验方法见表 1-1-18。

6. 混凝土浇筑振捣

浇筑前检查混凝土强度等级和坍落度是否符合要求，坍落度超过配合比设计允许范围的，应经原配合比设计人员调整，在确保不影响混凝土强度和施工性能的前提下方可使用。

下料时控制进入模内的混凝土高度，避免局部堆积。入模的混凝土应布料均匀，宜采用分层布料或阶梯式布料，一次入料层高不宜超过 500 mm。放料、振捣时应避免混凝土撒出模具内腔，洒落到模具和地上的混凝土要及时清理干净，浇筑后剩余的混凝土要放到指定料斗里，严禁随地乱放。

振捣方式宜采用振捣棒振捣。振捣应有序，振捣棒宜从钢筋骨架中间插入，不得紧贴模具振捣，振捣棒两次插入的间距不得大于振捣棒有效振捣半径的 1.5 倍。振捣棒应快插慢拔，振捣均匀，防止过振、漏振，振捣过程中避免碰触钢筋骨架和预埋件，以免使其发生位置偏移，保证混凝土表面水平，无突出石子，振捣至混凝土表面基本不再沉落且无明显气泡溢出时即可。

混凝土从出机到浇筑完毕的延续时间，气温高于 25 ℃时，不宜超过 60 min，气温不高于 25 ℃时不宜超过 90 min，预制楼梯两端有出筋的，要采取保护措施，避免浇筑时混凝土污染外露钢筋表面，浇筑完成后要及时清理钢筋上的砂浆。

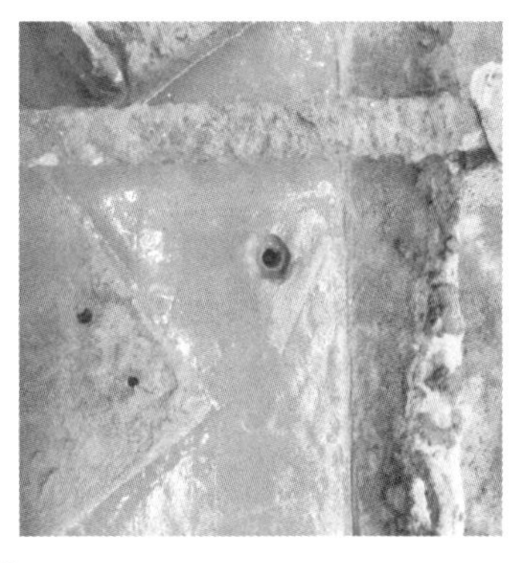

图1-4-27　混凝土浇筑振捣抹平

7. 抹平、收面

混凝土振捣密实后，用木抹子对面层填平补齐，做到表面平整、无外漏石子，四周侧模边沿要清理干净，避免毛边。根据环境温度静置不少于 15 分钟后，用木抹子拍面搓揉提浆，并抹平至侧模上边沿平齐，再用铁抹子刮除侧模上口边沿沾染的砂浆并将边沿压光。

当面层开始凝结，用手指轻压略有下陷时，先用木抹子揉搓出浆，再用铁抹子进行表面压光，把凹坑、沙眼填实、抹平，埋件边沿、拐角处抹压到位，不得漏压，确保边角处、埋件周边无毛边或不平现象。混凝土浇筑面靠楼梯井时要求收光，不在梯井侧时要求整平收面至细毛。收光面增设一道抗裂网格布，减少成品楼梯收光面开裂，网格布铺设应平整顺直无褶皱，使用铁抹子将网格布抹压至表面砂浆之下，严禁露出浆面。

8. 养护

养护包括自然养护和蒸养。对于楼梯，可以搭设养护棚进行蒸养。

蒸养应分静停、升温、恒温、降温四个阶段。

图1－4－28 预制楼梯养护

抹面之后静停不宜小于 2 小时，静停时间以混凝土初凝后、终凝前（用手按压无压痕为标准）。此时可以加盖苫布，开始蒸养。蒸养开始时，升温速率不超过每小时 15 ℃（春秋季控制在 10°，冬季控制在 15°），蒸养的最高温度宜控制在 40 ℃，恒温时间不宜小于 4 小时，降温速率不宜大于 10 ℃。

蒸养过程中应如实做好蒸养记录，蒸养结束后，构件表面温度与环境温度差值不大于 25 时，方可揭开养护罩。

9. 脱模、起吊

拆模之前需做同条件试块的抗压试验，同条件试块抗压强度应满足设计要求且不低于 15 Mpa，预应力构件同条件试块抗压强度应满足设计要求且不低于设计强度 75%。

模具拆卸时，先拆卸成型面和踏步面的预埋件固定螺栓和工装架，然后拆卸楼梯底板侧模，再拆卸两头端模。拆卸模板时尽量不要使用重物敲打模具侧模，以免模具损坏或变形，拆模过程中不允许磕碰构件，或以构件为支点使用撬棒，以免造成构件缺棱掉角。

模具拆卸下来后应轻拿轻放，底板侧模宜向外移开，两头端板使用行车吊运并整齐地放到模台上的空位处或模台旁边，拆卸下来的所有工装应有序摆放，螺栓、零件等必须放到指定位置或收纳箱内。

预制楼梯脱模起吊必须以起吊通知单为依据，未收到起吊通单知不得起吊。

起吊之前，检查吊具、钢丝绳是否存在安全隐患，尤其要重点检查吊具，如有问题严禁使用，并及时上报整改。起吊之前，检查模具及吊装埋件固定螺栓、工装架是否拆卸完全，如未完全拆除，禁止起吊。

起吊、转运预制楼梯所有吊装埋件应全部使用，不得少用；吊索长度应能保证楼梯能水平脱离模台，同时吊索与构件的夹角不宜小于 60°且不应小于 45°。起吊指挥人员要与行车操作工配合好，做到慢起、稳升、缓放，保证构件平稳起吊；严禁斜吊、摇摆或将构件长时间悬吊于空中。起吊后的构件保持平稳，运至临时放置区或修补区，构件吊点下方垫木方，以防碰撞损坏构件。

图1－4－29　脱模起吊

拆模后的构件先放到修补区进行外观检查，检查项目有：平整度、外形尺寸、预埋件位置、是否破损掉角、外观有无色差等。

对于外观有气泡、表面龟裂或不影响结构的裂纹、轻微漏振等现象，要进行修补，修补处要保证与周边平整度一致，棱角分明，无明显色差。

对于平整度超差或外形尺寸超差及边角毛边处要进行打磨处理，要求打磨处要平整光洁、棱角处无毛边。

翻转时，通过角钢护边或翻转处垫放橡胶垫保护构件底面棱角。打落时，钢丝绳数量(四根吊装)，打落完后，确认下吊装螺栓是否完好，出现滑丝、乱牙等现象，及时修补。

图1－4－30　吊入工装进行修补

图1－4－31　竖向修补完成后吊离工装

图1－4－32　使用翻转工装进行翻转

图1－4－33　修补完成后吊入存放区域

10. 运至堆场、养护

起吊后运至堆场堆放自然养护。

1.4.4 质量检测

质量检测详见 1.1.4 所述。

1.4.5 拓展任务

某工程生产预制钢筋混凝土楼梯，参照《预制钢筋混凝土板式楼梯》(15G367－1)(以下简称图集)选用，编号为 ST－29－25。抗震设防烈度 7 度，结构抗震等级三级。混凝土强度等级为 C30，使用强度等级为 42.5 的普通硅酸盐水泥，设计配合比为 1∶1.4∶2.6∶0.55(其中水泥用量为 429 kg)，现场砂含水率为 2%，石子含水率为 1.5%。

1.4.5.1 生产准备

表 1－4－3　预制混凝土楼梯生产任务单

工程名称：

构件编号		规格	ST－29－25	净尺寸	
砼标号	C30	砼体积(m^3)		重量(t)	
模板图					
配筋图					
钢筋表					

ST－29－25，代表双跑楼梯，层高 2.9 m，楼梯间净宽 2500 mm。模板图如图 1－4－34～图 1－4－36 所示。

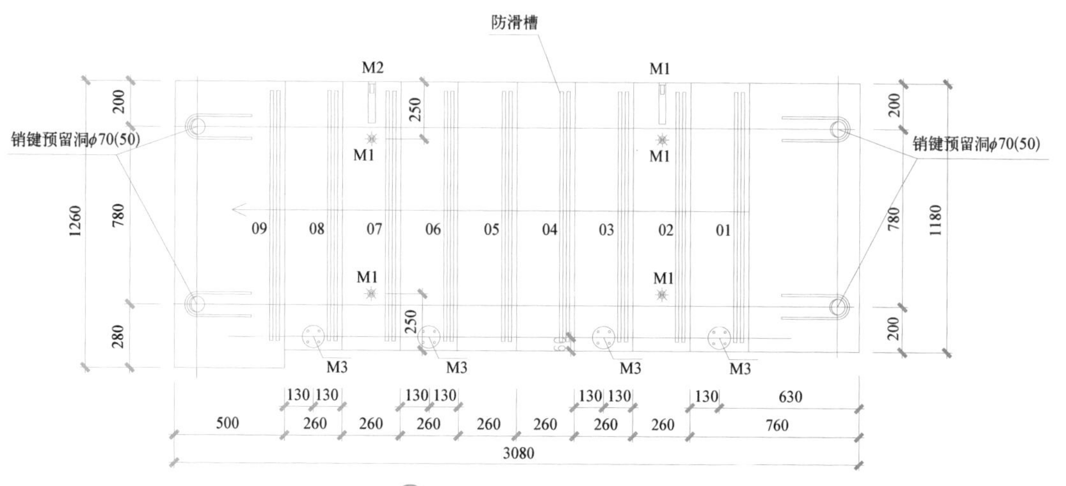

图1－4－34　模板平面图

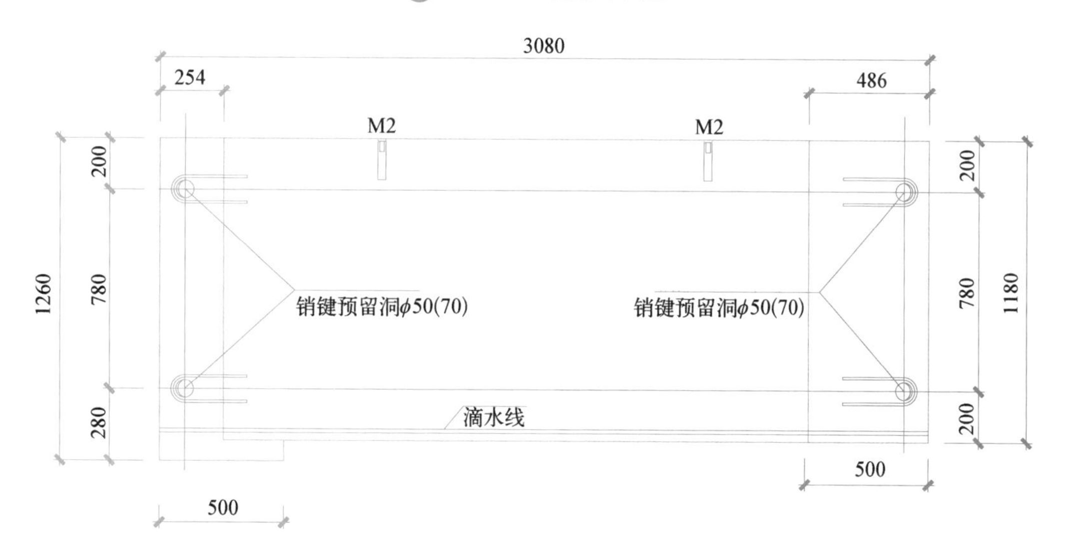

图1－4－35　模板底面图

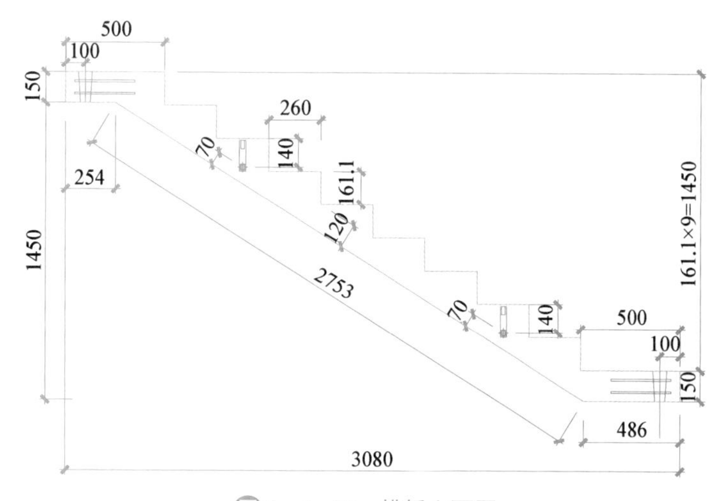

图1－4－36　模板立面图

读模板平面图，梯段宽度1180 mm，梯井宽度100 mm(2500－20－1180－1180－20＝100 mm)，下休息平台宽1180 mm，上休息平台宽1260 mm。一共有9个踏步。

读图1-4-34 JT-28-25安装图，看平面布置图和做法一详图，梯段与墙体之间有20 mm的缝隙，所以20＋1160＋140＋1160＋20＝2500 mm。

楼梯板重4.34 t，梯段板水平投影长4900 mm，踏步高175 mm，踏步宽260 mm，钢筋重量194.25 kg，混凝土土方量1.736 m^3。

1.4.5.2 生产工艺

1. 清理模具

拆模后，用铁铲将模具上的混凝土清理掉，用安装了钢丝轮的角磨机将模具上残留的混凝土渣打磨干净，模具表面要见金属色，不能有残渣或锈蚀，以用手擦拭手上无浮灰为标准。

所有模具拼接处(侧模和底板接缝)均清理干净，保证无杂物残留。确保组模时无尺寸偏差。模具上边沿必须清理干净，有利于抹面时边角收光平整，保证厚度。所有工装、模具及模具周围地面全部清理干净，无残留混凝土，清理轨道，保证滑轨轨道及周围的清洁度，推拉无任何阻力为标准，清理下来的混凝土残渣要及时收集到指定的工装器具器内。

2. 刷脱模剂

喷涂脱模剂前模具应按要求清理干净，脱模剂必须采用水性脱模剂，且需保证脱模剂干净无污染。

图1-4-37 脱模剂喷涂呈雾状标准

脱模剂应按实际使用要求进行稀释或配制。宜随配随用，前一天配置好的脱模剂原则上不得使用。经工段长确认无结块，摇晃均匀后可以使用。用高压喷枪喷涂脱模剂，均匀喷涂在模具与混凝土接触的表面及底模表面，不易喷到的边角部位采用刷子涂刷脱模剂。脱模剂喷涂不得有堆积、流淌现象，喷涂后应使用干净的棉质抹布擦拭一遍，涂刷脱模剂时严禁沾染钢筋及预埋件上。

3. 安装踏步面吊装用螺纹钢套筒预埋件

(1) 踏步面安装预埋件

检查踏步面模板吊装件安装孔位置及大小、安装螺栓、吊装件、“龙眼”等是否准备齐全，“龙眼”上粘接的混凝土是否已完全清理干净并露出金属色。两人配合逐一安装“龙眼”和吊装预埋件，从踏步模板外侧穿入安装螺栓，将“龙眼”大面朝向模板套在螺栓上再拧上吊装埋件，将吊装埋件固定在踏步模板上，并紧固牢固(“龙眼”作用:浇筑成型后，预埋件位置形成下凹孔，现场预制楼梯安装后，吊装孔便于使用砂浆修补收面。)。加强筋安装(根据采用钢筋绑扎或焊接形式，确定施工顺序。加强筋有直条、U型加强筋等形式。)，预埋件紧固牢固。

图1-4-38　吊装预埋件、“龙眼”安装紧固到位

图1-4-39　销键预埋件安装紧固到位

(2) 扶手栏杆预埋件

扶手栏杆预埋件位置、数量符合图纸设计要求，方正度符合要求，安装后必须将螺丝紧固到位，避免浇筑混凝土造成预埋件偏斜。

图1-4-40　扶手栏杆预埋件安装紧固到位

(3) 凸台拐角预埋盒

预埋盒清理干净，表面无混凝土残渣，预埋盒紧固到位，保证安装后无缝隙。

4. 钢筋骨架制作与安装

(1) 钢筋骨架制作

预制楼梯钢筋下料均采用带“E”钢筋原材，严禁使用不带“E”钢筋。按图纸进行钢筋下料，首次加工时，钢筋下料人员复核尺寸是否符合图纸要求，不合格钢筋严禁使用。

检查纵向受力钢筋、横向钢筋、箍筋的牌号、规格、数量、位置、间距、连接方式、接头位置、接头质量、搭接长度、弯钩的弯折角度及平直段长度等，不合格立即整改。

绑扎钢筋时一般用顺扣或八字扣，上层钢筋应全数绑扎，下层钢筋除外围两根筋的相交点应全部绑扎外，其余各点可交错绑扎，钢筋绑扎丝甩扣应弯折向构件内侧；绑扎完成的钢筋骨架严禁剪切，割断，私自更改，成型钢筋骨架由钢筋工自检合格后，粘贴使用项目标识，并按指定区域摆放、备用。

(2) 钢筋骨架安装

钢筋骨架应轻放入模，入模后不得移动钢筋骨架，钢筋笼平直、无损伤，表面不得有油污、颗粒状或片状老锈。

钢筋绑扎完成后，底下及靠近踏步面垫好砂浆或塑料垫块，一般四周靠近模具边侧 200～300 mm 开始垫设，间距不大于 1 m。垫块的厚度等于保护层厚度，并满足设计及规范要求。图纸对保护层厚度有要求的按照图纸要求垫放，图纸无要求，按 15 mm 控制，根据设计要求的形式、位置和数量配置钢筋马凳并绑扎牢固，以增强钢筋骨架的刚度和抗剪性能，两侧一般为“匚”形。梯段宽度超过 1 100 mm，中间间距 1 000 mm 增加一个I型钢筋马凳“⎍”。

进行预埋件加强筋绑扎固定，销键孔加强筋绑扎固定，严禁 U 型钢筋悬空安装。

钢筋安装完成后作业班组应进行自检，超差部位应修正至合格，自检合格后，应挂上铭牌，铭牌上应注明构件型号、施工班组、生产日期等信息。

图 1－4－41 钢筋骨架使用工装进行绑扎

图 1－4－42 钢筋骨架自检合格后分类堆放

图 1－4－43 钢筋骨架安装

5. 组装模具

预制楼梯生产宜采用钢模具，由模具厂定制加工，校对生产计划、图纸、模具，确认三者无误后确定模具所在位置。

在模板拼接缝处粘贴海绵密封条(图 1－4－44)，海绵密封条要与模具边缘齐平且无间断、无褶皱，保证接缝密闭，防止漏浆。胶条不应在构件转角处搭接；若存在贴海绵密封条且仍存在漏浆的情况，对漏浆区域进行单独标记。在后续施工中该区域的海绵密封条单独加厚处理，以此类推直至该区域不漏浆为止。

组模前检查模具清理是否到位，若发现模具清理不干净，不得进行组模。组模时应仔细检查模板是否有损坏、缺件现象，损坏、缺件的模板应及时修理或者更换。选择正确型号侧板和顺序进行拼装，先安装两头的端板，将端板与踏步面的侧板用定位销对好位后再用螺栓紧固，然后再安装楼梯底板面的那块侧模，拼装时不许漏装螺栓或各种固定件，各部位螺丝拧紧，模具拼接部位不得有缝隙，确保模具各部位尺寸偏差控制在允许误差范围以内。

图 1－4－44　预制楼梯模具组装

图 1－4－45　吊装预埋件安装

6. 安装侧边吊装用螺纹钢套筒预埋件

检查侧边吊装预埋件的工装架是否齐全，位置是否正确，螺纹钢套筒、“龙眼”、安装螺栓等是否准备齐全，“龙眼”上粘接的混凝土是否已清理干净并露出金属色。将工装在侧模上安装牢固，逐一安装螺栓、“龙眼”、螺纹钢套筒，并将吊装预埋件紧固牢固，逐一检查吊装预埋件、“龙眼”等是否漏放，安装位置是否正确，是否安装牢固(图 1－4－45)。

检查钢筋保护层是否合格要求，钢筋笼是否贴近钢模板，并及时进行调整。

7. 模具外侧满刷防锈油

模具外围涂刷防锈油，保证模具外围无混凝土余渣及锈斑，涂刷均匀保证防锈油无流挂等现象。

8. 隐蔽工程验收

9. 混凝土浇筑及振捣

预制楼梯隐蔽工程由质检员检验合格并扫码确认后方可进入混凝土浇筑作业。

浇筑前检查混凝土强度等级和坍落度是否符合要求，坍落度超过配合比设计允许范围的，应经原配合比设计人员调整，在确保不影响混凝土强度和施工性能的前提下方可使用。

下料时控制进入模内的混凝土高度，避免局部堆积。入模的混凝土应布料均匀，宜采用分层布料或阶梯式布料，一次入料层高不宜超过 500 mm。放料、振捣时应避免混凝土撒出模具内腔，洒落到模具和地上的混凝土要及时清理干净，浇筑后剩余的混凝土要放到指定料斗里，严禁随地乱放。

振捣方式宜采用振捣棒振捣。振捣应有序，振捣棒宜从钢筋骨架中间插入，不得紧贴模具振捣，振捣棒两次插入的间距不得大于振捣棒有效振捣半径的 1.5 倍。振捣棒应快插慢拔，振捣均匀，防止过振、漏振，振捣过程中避免碰触钢筋骨架和预埋件，以免使其发生位置偏移，保证混凝土表面水平，无突出石子，振捣至混凝土表面基本不再沉落且无明显气泡溢出时即可。

混凝土从出机到浇筑完毕的延续时间，气温高于 25℃时，不宜超过 60 min，气温不高于 25℃时不宜超过 90 min，预制楼梯两端有出筋的，要采取保护措施，避免浇筑时混凝土污染外露钢筋表面，浇筑完成后要及时清理钢筋上的砂浆。

10. 抹平、收面

混凝土振捣密实后，用木抹子对面层填平补齐，做到表面平整、无外漏石子，四周侧模边沿要清理干净，避免毛边。根据环境温度静置不少于 15 分钟后，用木抹子拍面搓揉提浆，并抹平至侧模上边沿平齐，再用铁抹子刮除侧模上口边沿沾染的砂浆并将边沿压光。

当面层开始凝结，用手指轻压略有下陷时，先用木抹子揉搓出浆，再用铁抹子进行表面压光，把凹坑、沙眼填实、抹平，埋件边沿、拐角处抹压到位，不得漏压，确保边角处、埋件周边无毛边或不平现象。混凝土浇筑面靠楼梯井时要求收光，不在梯井侧时要求整平收面至细毛。收光面增设一道抗裂网格布，减少成品楼梯收光面开裂，网格布铺设应平整顺直无褶皱，使用铁抹子将网格布抹压至表面砂浆之下，严禁露出浆面。

11. 蒸养

蒸养应分静停、升温、恒温、降温四个阶段。

抹面之后静停不宜小于 2 小时，静停时间以混凝土初凝后、终凝前(用手按压无压痕为标准)。此时可以加盖苫布，开始蒸养。蒸养开始时，升温速率不超过每小时 15℃(春秋季控制在 10°，冬季控制在 15°)，蒸养的最高温度宜控制在 40℃，恒温时间不宜小于 4 小时，降温速率不宜大于 10℃。

蒸养过程中应如实做好蒸养记录，蒸养结束后，构件表面温度与环境温度差值不大于 25 时，方可揭开养护罩。

12. 拆模

拆模之前需做同条件试块的抗压试验，同条件试块抗压强度应满足设计要求且不低于 15 Mpa，预应力构件同条件试块抗压强度应满足设计要求且不低于设计强度 75%。

模具拆卸时，先拆卸成型面和踏步面的预埋件固定螺栓和工装架，然后拆卸楼梯底板侧模，再拆卸两头端模。拆卸模板时尽量不要使用重物敲打模具侧模，以免模具损坏或变形，拆模过程中不允许磕碰构件，或以构件为支点使用撬棒，以免造成构件缺棱掉角。

模具拆卸下来后应轻拿轻放，底板侧模宜向外移开，两头端板使用行车吊运并整齐地放到模台上的空位处或模台旁边，拆卸下来的所有工装应有序摆放，螺栓、零件等必须放到指定位置或收纳箱内。

13. 脱模起吊

预制楼梯脱模起吊必须以起吊通知单为依据，未收到起吊通单知不得起吊。

起吊之前，检查吊具、钢丝绳是否存在安全隐患，尤其要重点检查吊具，如有问题严禁使用，并及时上报整改。起吊之前，检查模具及吊装埋件固定螺栓、工装架是否拆卸完全，如未完全拆除，禁止起吊。

起吊、转运预制楼梯所有吊装埋件应全部使用，不得少用；吊索长度应能保证楼梯能水平脱离模台，同时吊索与构件的夹角不宜小于 60°且不应小于 45°。起吊指挥人员要与行车操作工配合好，做到慢起、稳升、缓放，保证构件平稳起吊；严禁斜吊、摇摆或将构件长时间悬吊于空中。起吊后的构件保持平稳，运至临时放置区或修补区，构件吊点下方垫木方，以防碰撞损坏构件。

14. 修补、打磨

拆模后的构件先放到修补区进行外观检查，检查项目有：平整度、外形尺寸、预埋件位置、是否破损掉角、外观有无色差等。

对于外观有气泡、表面龟裂或不影响结构的裂纹、轻微漏振等现象，要进行修补，修补处要保证与周边平整度一致，棱角分明，无明显色差。

对于平整度超差或外形尺寸超差及边角毛边处要进行打磨处理，要求打磨处要平整光洁、棱角处无毛边。

翻转时，通过角钢护边或翻转处垫放橡胶垫保护构件底面棱角。打落时，钢丝绳数量(四根吊装)，打落完后，确认下吊装螺栓是否完好，出现滑丝、乱牙等现象，及时修补。

图1-4-46　吊入工装进行修补

图1-4-47　竖向修补完成后吊离工装

图1-4-48 使用翻转工装进行翻转

图1-4-49 修补完成后吊入存放区域

1.4.5.3 质量检测

参见1.4.4节。

知识拓展

按照某预制楼梯生产图纸生产预制楼梯。

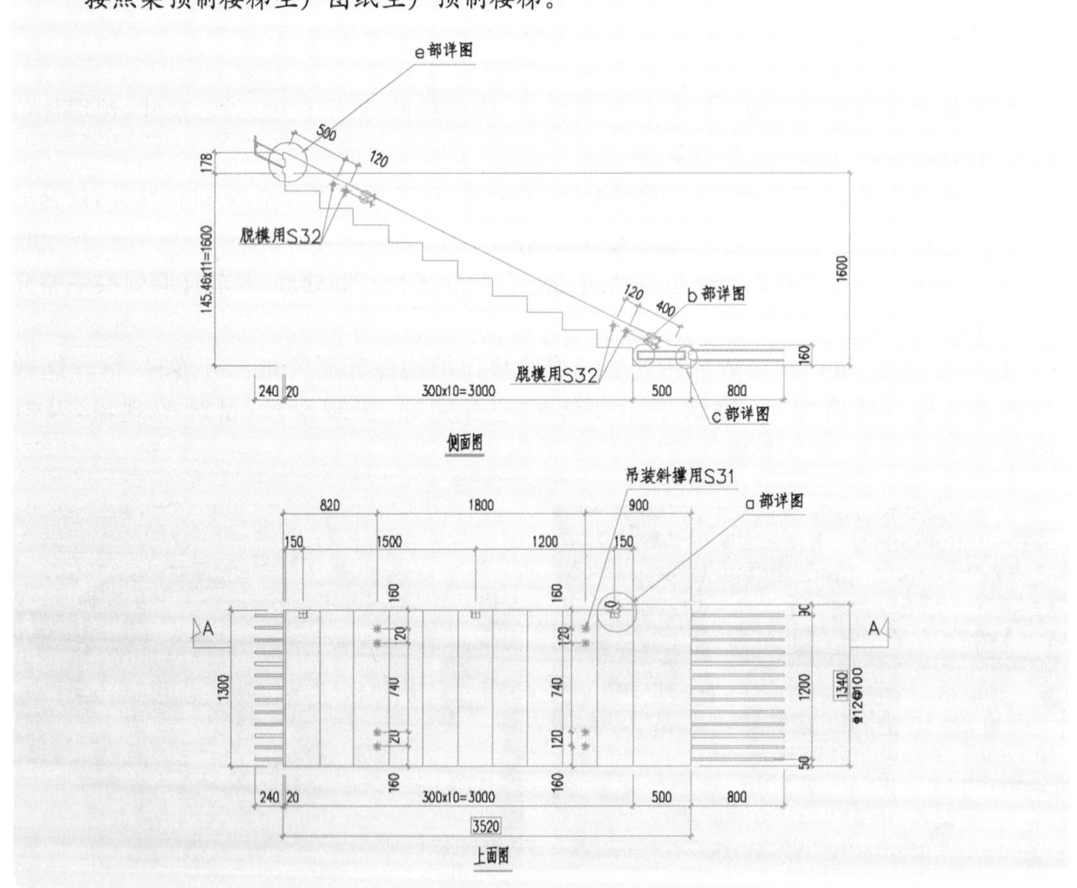

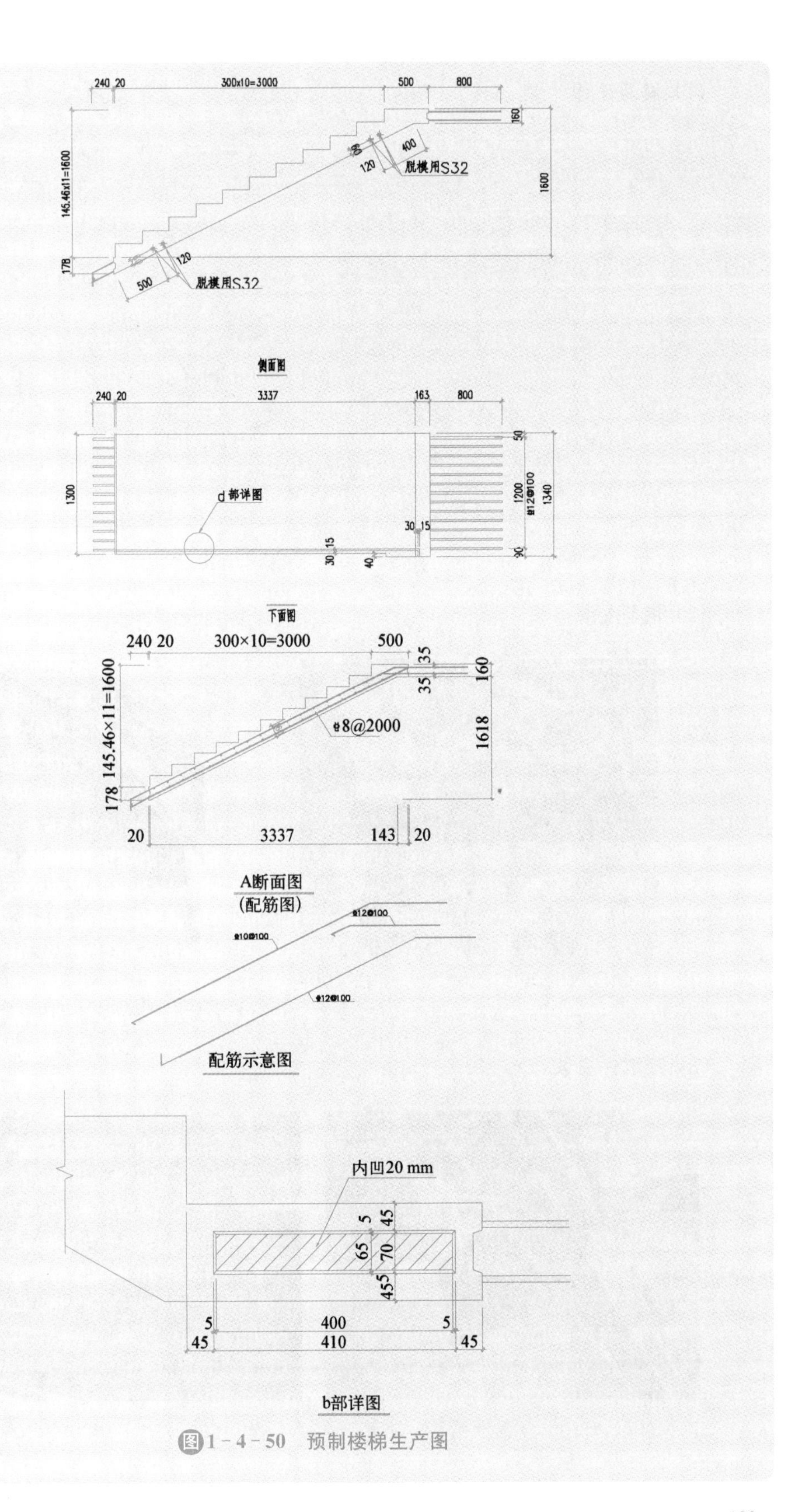

图1－4－50　预制楼梯生产图

(1) 模具设计

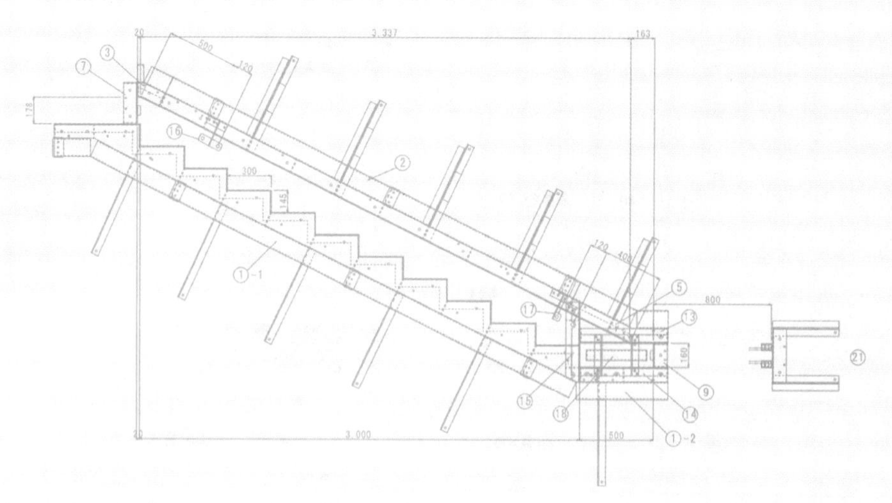

图1-4-51　模具设计图

(2) 钢筋安装

图1-4-52　钢筋安装入模(立模)

图1-4-53　钢筋安装入模(平模)

(3) 预埋件安装

图1-4-54　预埋件安装(立模)

图1-4-55　预埋件安装(平模)

(4) 隐蔽验收

(5) 混凝土浇筑

图1-4-56　混凝土浇筑

(6) 拆模

图1-4-57　拆模

(7) 起吊

图1-4-58　起吊

(8) 表面处理

(9) 堆放养护

图1-4-59 表面处理

图1-4-60 堆放养护

1.4.6 小 结

本节基于预制混凝土楼梯生产过程的分析，以工程实际预制混凝土楼梯的生产过程为主线，对预制混凝土楼梯的生产准备、生产工艺和质量标准进行了介绍。通过学习，你将能够根据实际工程对预制混凝土楼梯生产进行生产准备，根据施工图、相关标准图集等资料制定生产方案，在生产现场进行安全、技术、质量管理控制，正确使用检测工具对生产质量进行检查验收。

项目小结

本项目基于装配式混凝土框架结构主要构件生产过程的分析，以工程实际预制构件的生产过程为主线，分别对预制混凝土叠合板、框架柱、叠合梁、楼梯的生产准备、生产工艺和质量标准进行了介绍。通过学习，你将能够根据实际工程进行预制混凝土叠合板、框架柱、叠合梁、楼梯生产的生产准备，根据施工图、相关标准图集等资料制定生产方案，在生产现场进行安全、技术、质量管理控制，正确使用检测工具对生产质量进行检查验收。

思考题

1. 生产预制钢筋混凝土楼梯，选自《预制钢筋混凝土板式楼梯》(15G367-1)，编号为ST-28-24。该工程地上11层，标准层层高2800 mm，抗震设防烈度7度，结构抗震等级三级。混凝土强度等级为C30，使用强度等级为42.5的普通硅酸盐水泥，设计配合比为1∶1.4∶2.6∶0.55(其中水泥用量为429 kg)，现场砂含水率为2.5%，石子含水率为3%。计算构件所用原材料工程量。

项目二

预制整体式混凝土剪力墙结构构件生产

◆ 知识目标

（1）掌握预制混凝土外墙板、内墙板生产工艺；
（2）掌握预制混凝土外墙板、内墙板生产质量标准。

◆ 能力目标

（1）根据实际工程进行预制混凝土剪力墙结构构件生产准备；
（2）根据施工图、相关标准图集等资料制定预制混凝土剪力墙结构构件生产方案；
（3）正确使用检测工具对预制混凝土剪力墙结构构件生产质量进行检查验收。

预制混凝土剪力墙基本构造

任务一　预制混凝土剪力墙外墙板生产

学习目标

通过本任务的学习和实训，主要掌握：
（1）根据工程实际合理进行预制混凝土剪力墙外墙板生产准备；
（2）预制混凝土剪力墙外墙板生产工艺；
（3）正确使用检测工具对预制混凝土剪力墙外墙板生产质量进行检查验收。

2.1.1　生产任务

某工程预制混凝土剪力墙外墙，按照图集《预制混凝土剪力墙外墙板》(15G365－1)（以下简称图集）选用，内叶板编号为 WQCA－3028－1516，保温层厚度 t＝70 mm，外叶板编号 wy1。该工程抗震设防烈度 7 度，结构抗震等级三级，内叶墙板按环境类别一类设计，厚度为 200 mm，建筑面层为 50 mm，混凝土强度等级为 C30，坍落度要求 35～50 mm。

本图集采用的预制外墙板为预制混凝土夹芯保温外墙板，由外叶板、保温材料和内叶板三部分组成，也称为“三明治”墙板。其具有保温性能好、防火性能强、耐久性好等优势。

对于夹芯保温墙板的生产有两种方式：一种是正打工艺，一种是反打工艺。所谓正打工艺是指先进行内叶板的浇筑生产，在组装外叶板的模板、安装保温层、拉结件、外叶板钢筋后，浇筑外叶板混凝土。反之为反打工艺。正打工艺的优点是浇筑内叶板时，可通过吸附式磁铁工装将各种预留预埋件进行固定，方便、快捷、简单、规整。但相对加大了外叶板的抹面收光的工作量，外叶板的抹面收光后的平整度和光洁度会相对较差。反打工艺的优点是外叶板的平整度和光洁度高。缺点是在浇筑内叶板混凝土时，会对已浇筑的外叶板混凝土和安装的保温层造成很大的压力，造成保温层四周的翘曲。

图2－1－1　预制混凝土夹芯保温外墙板示意图

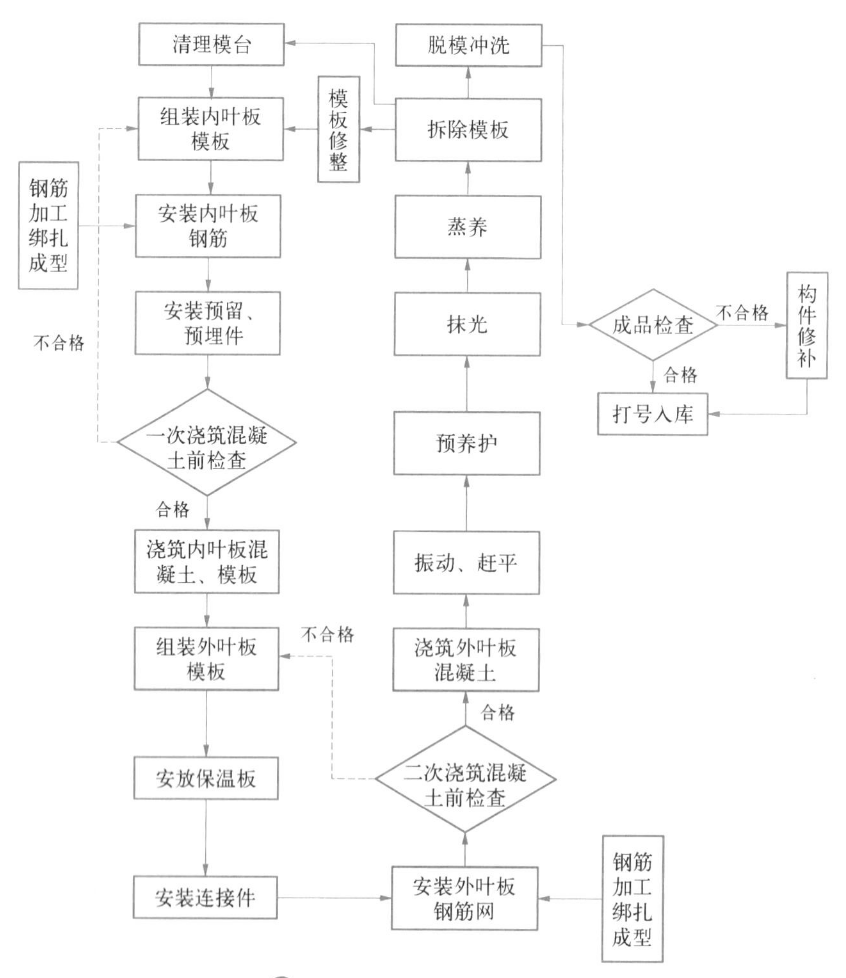

图2－1－2　正打工艺流程图

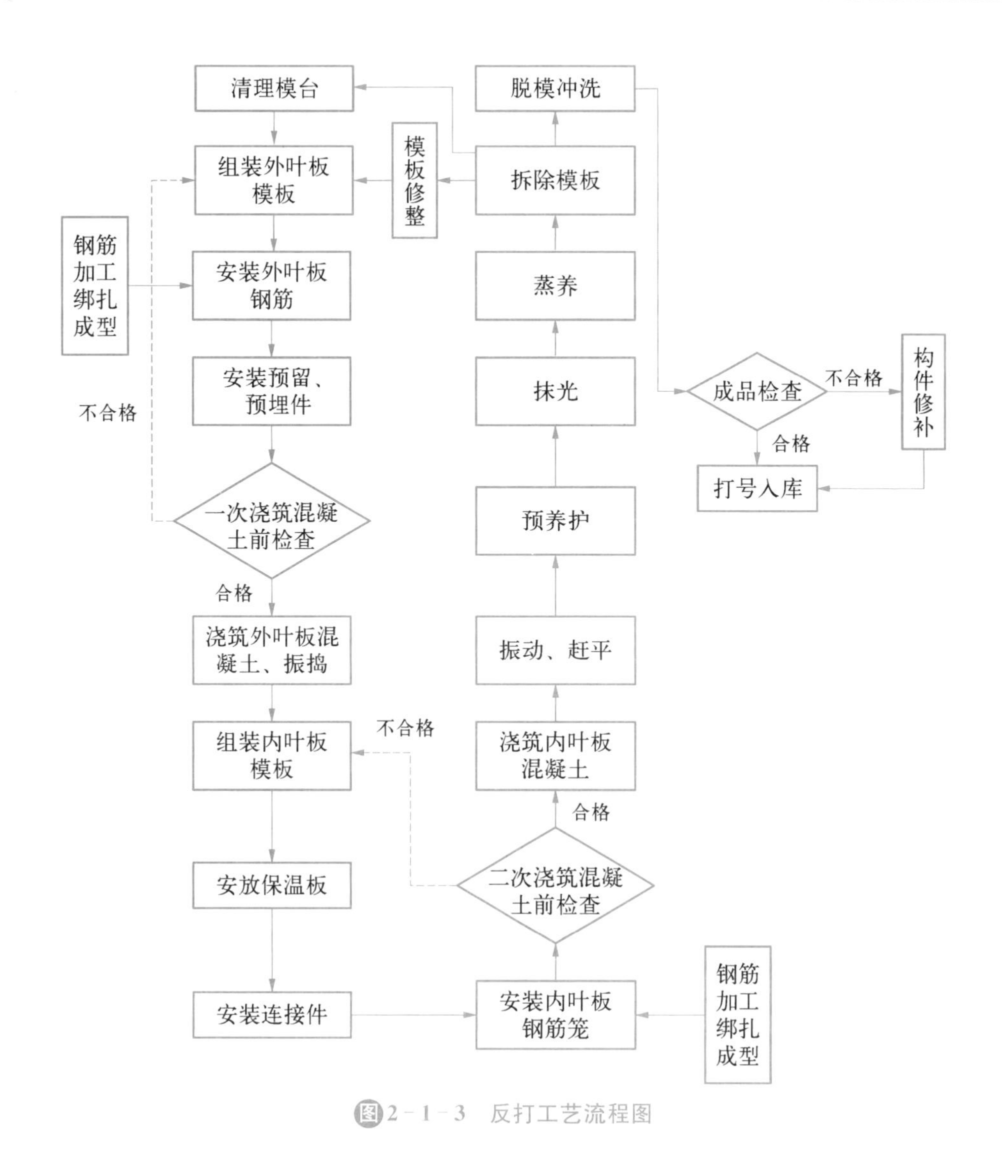

图2-1-3　反打工艺流程图

2.1.2　生产准备

1. 技术准备

完成生产图纸技术交底。

表 2-1-1　预制混凝土剪力墙外墙板生产任务单

工程名称：

<table>
<tr><td>构件编号</td><td></td><td>规格</td><td colspan="3">内叶板：WQCA-3028-1516
保温层：t=70 mm
外叶板：wy1</td></tr>
<tr><td>砼标号</td><td>C30</td><td>砼体积(m³)</td><td></td><td>板重量(t)</td><td></td></tr>
<tr><td colspan="6">模板图</td></tr>
<tr><td colspan="6">配筋图</td></tr>
<tr><td colspan="6">钢筋表</td></tr>
<tr><td>内叶板净尺寸</td><td></td><td>形状</td><td></td><td>窗洞口尺寸</td><td></td></tr>
<tr><td>外叶板净尺寸</td><td></td><td>形状</td><td></td><td></td><td></td></tr>
</table>

本工程生产任务为标准图集选用的外墙板，直接从图集 124 页查得剪力墙模板图如图 2-1-4、配筋图如图 2-1-5 所示，图中给出了钢筋表。

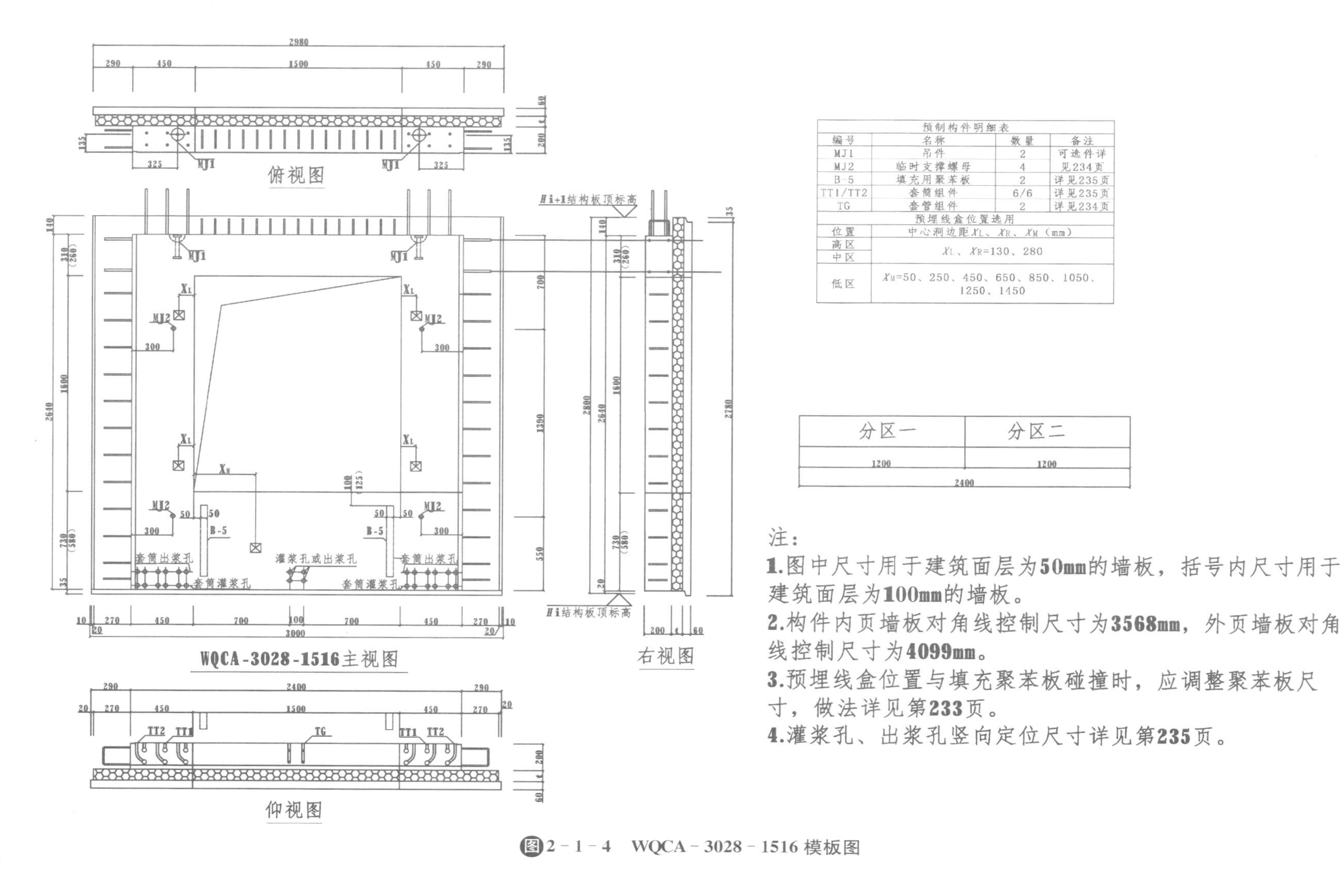

预制构件明细表			
编号	名称	数量	备注
MJ1	吊件	2	可选件详见234页
MJ2	临时支撑螺母	4	
B-5	填充用聚苯板	2	详见235页
TT1/TT2	套筒组件	6/6	详见235页
TG	套管组件	2	详见234页

预埋线盒位置选用	
位置	中心洞边距 X_L、X_R、X_M（mm）
高区	X_L、X_R=130、280
中区	
低区	X_M=50、250、450、650、850、1050、1250、1450

注：

1.图中尺寸用于建筑面层为**50mm**的墙板，括号内尺寸用于建筑面层为**100mm**的墙板。

2.构件内页墙板对角线控制尺寸为**3568mm**，外页墙板对角线控制尺寸为**4099mm**。

3.预埋线盒位置与填充聚苯板碰撞时，应调整聚苯板尺寸，做法详见第**233**页。

4.灌浆孔、出浆孔竖向定位尺寸详见第**235**页。

图2-1-4 WQCA-3028-1516 模板图

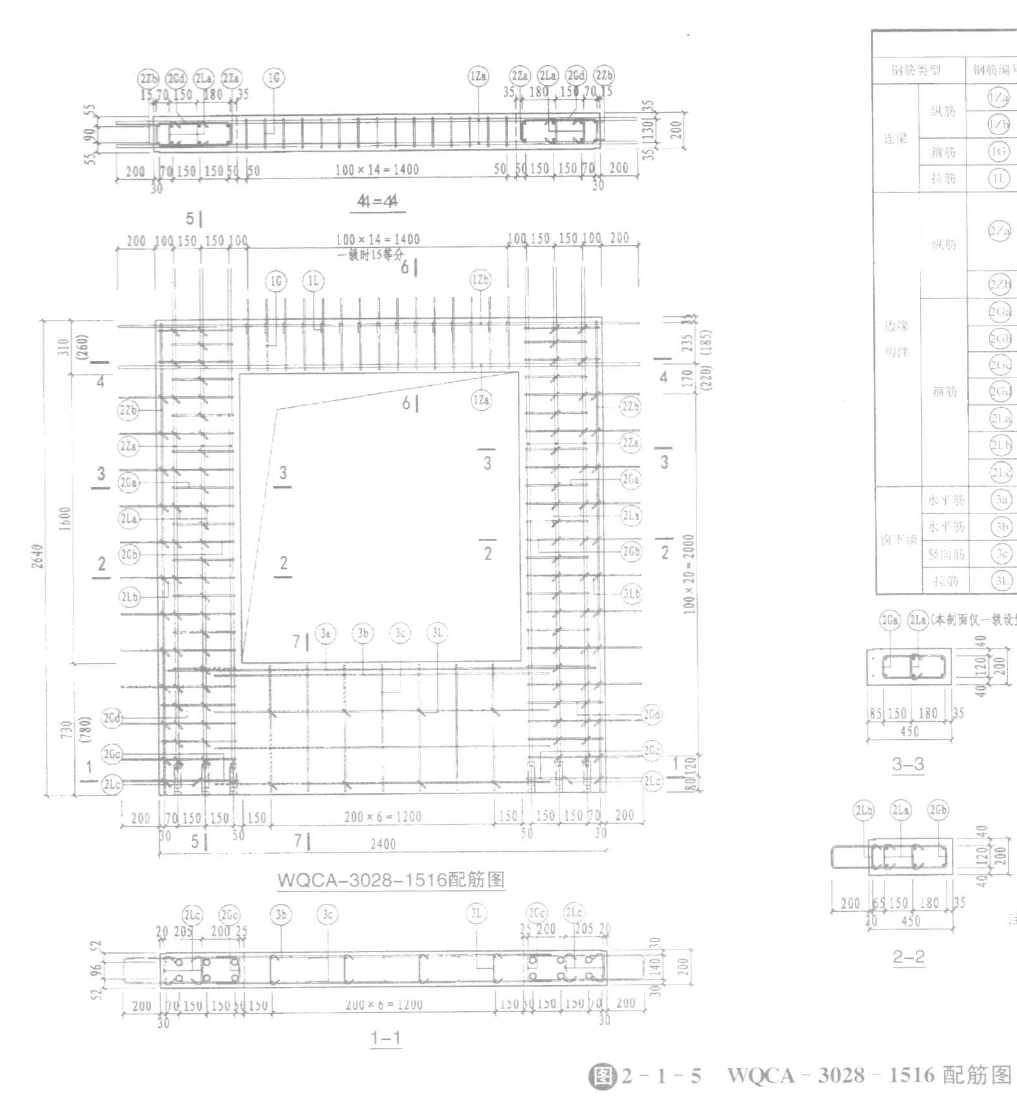

WQCA-3028-1516钢筋表

钢筋类型		钢筋编号	一级	二级	三级	四级非抗震	钢筋加工尺寸	备注
连梁	纵筋	1Za	2⌀16	2⌀16	2⌀16	2⌀16	200 2400 200	外露长度200
		1Zb	2⌀10	2⌀10	2⌀10	2⌀10		
	箍筋	1G	16⌀10	15⌀8	15⌀8	15⌀6	(240) 110 290 160	焊接封闭箍筋
	拉筋	1L	16⌀8	15⌀8	15⌀8	15⌀6	10d 170 10d	d 为拉筋直径
边缘构件	纵筋	2Za	12⌀16	12⌀16	-	-	23 2466 290	一端车丝长度23
			-	-	12⌀14	-	21 2484 275	一端车丝长度21
			-	-	-	12⌀12	18 2500 260	一端车丝长度18
		2Zb	4⌀10	4⌀10	4⌀10	4⌀10	2610	
	箍筋	2Ga	20⌀8	-	-	-	330 120	焊接封闭箍筋
		2Gb	22⌀8	22⌀8	22⌀6	22⌀6	200 415 120	焊接封闭箍筋
		2Gc	2⌀8	2⌀8	2⌀6	2⌀6	200 425 140	焊接封闭箍筋
		2Gd	8⌀8	8⌀8	8⌀6	8⌀6	400 120	焊接封闭箍筋
		2La	80⌀8	60⌀8	60⌀6	60⌀6	10d 130 10d	d 为拉筋直径
		2Lb	22⌀6	22⌀6	22⌀6	22⌀6	30 130 30	
		2Lc	4⌀8	4⌀8	4⌀6	4⌀6	10d 150 10d	d 为拉筋直径
窗下墙	水平筋	3a	2⌀10	2⌀10	2⌀10	2⌀10	400 1500 400	
	水平筋	3b	8⌀8	8⌀8	8⌀8	8⌀8	150 1500 150	
	竖向筋	3c	14⌀8	14⌀8	14⌀8	14⌀8	700 80 (750) 80	
	拉筋	3L	⌀6@400	⌀6@400	⌀6@400	⌀6@400	30 160 30	

注：1. 图中尺寸用于建筑面层为50 mm的墙板，括号内尺寸用于建筑面积为100 mm的墙板
2. 图中5-5剖面配筋图详见第59页

图2-1-5 WQCA-3028-1516 配筋图

扫码查看

高清图片

WQCA－3028－1516 和 WY1 代表什么含义？如何由编号确定剪力墙的尺寸？

预制混凝土剪力墙外墙识图

（1）内叶墙板

图集第 6～7 页给出了 5 种内叶墙板规格和编号，见表 2－1－2，示例见表 2－1－3。

表 2－1－2　内叶墙板编号表

墙板类型	示意图	编号
无洞口外墙		WQ － XX － XX 无洞口外墙　标志宽度　层高
一个窗洞外墙（高窗台）		WQC1 － XX XX － XX XX 一窗洞外墙高窗台　标志宽度　层高　窗宽　窗高
一个窗洞外墙（矮窗台）		WQCA － XX XX － XX XX 一窗洞外墙低窗台　标志宽度　层高　窗宽　窗高
两个窗洞外墙		WQC2 － XX XX － XX XX － XX XX 两窗洞外墙　标志宽度　层高　左窗宽　左窗高　右窗宽　右窗高
一个门洞外墙		WQM － XX XX － XX XX 一门洞外墙　标志宽度　层高　门宽　门高

表 2－1－3　内叶墙板编号示例

墙板类型	示意图	编号	标志宽度	层高	门/窗宽	门/窗高	门/窗宽	门/窗高
无洞口外墙		WQ－2428	2400	2800	—	—	—	—
一个窗洞外墙（高窗台）		WQC1－3028－1514	3000	2800	1500	1400	—	—
一个窗洞外墙（矮窗台）		WQCA－3029－1517	3000	2900	1500	1700	—	—
两个窗洞外墙		WQC2－4830－0615－1515	4800	3000	600	1500	1500	1500
一个门洞外墙		WQM－3628－1823	3600	2800	1800	2300	—	—

（2）外叶墙板

图集第 7 页给出两种类型外叶墙板 wy1 和 wy2，如图 2－1－6 所示。

标准外叶墙板 wy1(a、b)，按实际情况标准 a、b；当 a、b 均为 290 时，只标注 wy1。

带阳台板外叶墙板 wy2(a、b,C_L或C_R、d_L或d_R),按外叶板实际标注 a、b,C_L或C_R、d_L或d_R。

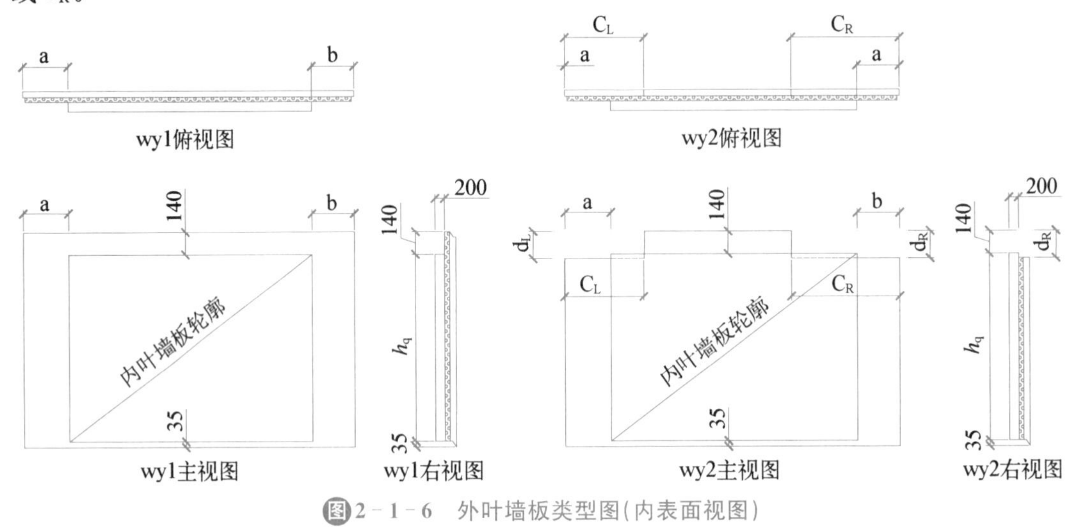

图2-1-6 外叶墙板类型图(内表面视图)

由此可以得到,WQCA-3028-1516 代表一个窗洞外墙(矮窗台),标志宽度 3000 mm,层高 2800 mm,窗洞口宽度 1500 mm、高度 1600 mm。

查阅图集第 13 页 WQCA 索引图中 WQCA 示意图,如图 2-1-7 所示。图中 C 表示粗糙面,所示轮廓为内叶墙板轮廓,最外面轮廓为外叶墙板板轮廓,最里面的轮廓为洞口轮廓。结合 2-2 断图,内叶墙板板底比下一层结构板顶高 20 mm(用于灌浆连接),比上一层结构板顶低 140 mm(用于现浇混凝土连接)。外叶墙板板顶与上一层结构板顶齐平,板底比下一层结构板顶低(防水构造做法)。结合 1-1 剖面图,外叶墙板实际宽度比标志宽度短 20 mm。

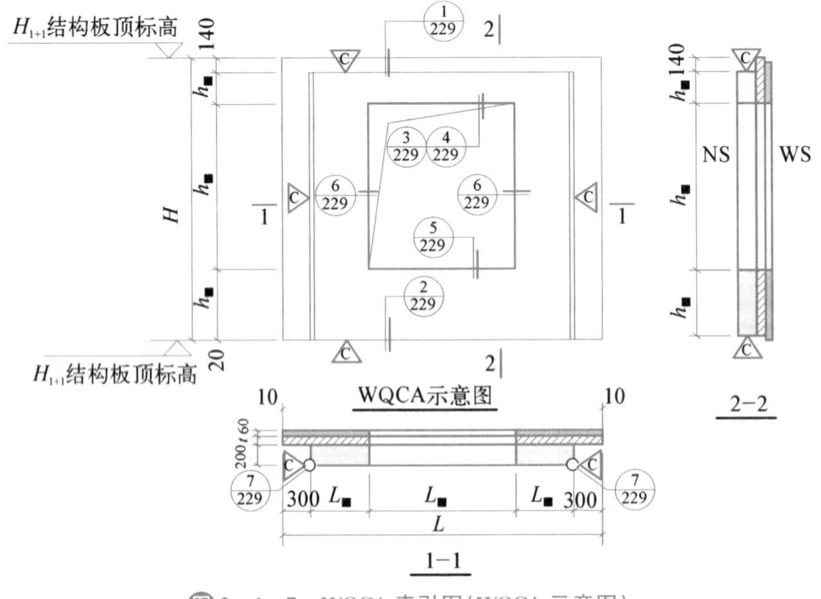

图2-1-7 WQCA 索引图(WQCA 示意图)

外叶墙板防水节点可以参阅图集 232 页预制外墙水平后浇带连接节点(墙体区)图，如图 2-1-8 所示。

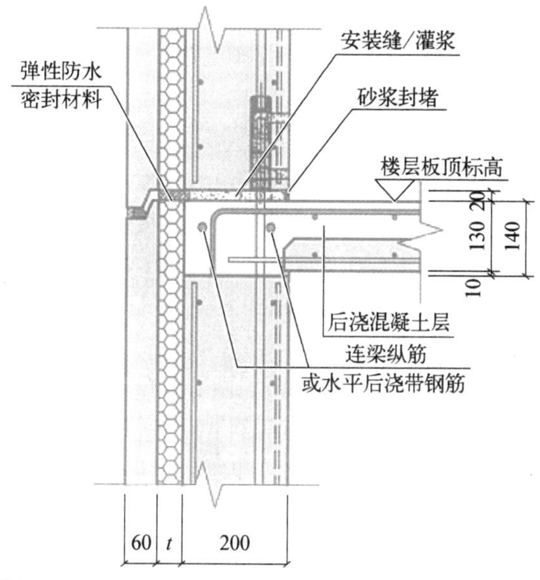

图 2-1-8　预制外墙水平后浇带连接节点(墙体区)

内叶墙板搁置在楼层板顶(叠合楼板后浇混凝土浇筑完成后楼板顶面)20 mm 处，其中 20 mm 缝隙用于灌浆连接。外叶墙板下端比内叶墙板长，用于外墙防水，上端与上一层楼层板顶齐平。板顶节点做法可以由图 2-1-7 中索引符号 $\frac{1}{229}$(表示本索引所对应的详图为图集第 229 页的编号为 1 的详图)查得，板底节点做法可以由图 2-1-7 中索引符号 $\frac{2}{229}$(表示本索引所对应的详图为图集第 229 页的编号为 2 的详图)查得。查阅图集 229 页，可以得到节点做法如图 2-1-9 所示。

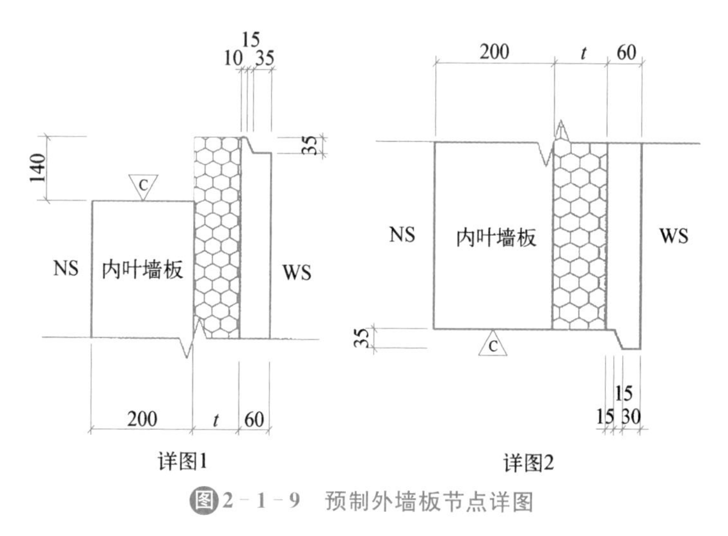

图 2-1-9　预制外墙板节点详图

由图 2-1-4 模板图可知，

主视图：

内叶墙板实际宽度 450＋700＋100＋700＋450＝2400 mm，实际高度 730＋1600＋310＝2640 mm。

外叶墙板实际宽度 20＋270＋450＋700＋700＋700＋450＋270＋20＝2980 mm，实际高度 35＋2640＋140＝2815 mm。

仰视图：

内叶墙板实际宽度 450＋1500＋450＝2400 mm，厚度 200 mm。

外叶墙板实际宽度 290＋2400＋290＝2980 mm，厚度 60 mm。

保温层宽度 270＋450＋1500＋450＋270＝2940 mm，每端距离外叶板板边 20 mm，厚度为 t，一般为 30～100 mm，本工程取 70 mm。

俯视图：

内叶墙板实际宽度 450＋1500＋450＝2400 mm，厚度 200 mm。

外叶墙板实际宽度 2980 mm，厚度 60 mm。

保温层厚度为 t，一般为 30～100 mm，本工程取 70 mm。

右视图：

内叶墙板实际高度 730＋1600＋310＝2640 mm，厚度 200 mm。

外叶墙板实际高度 2780 mm，为什么与主视图中得到的高度 2815 mm 不同？厚度 60 mm。

保温层厚度为 t，一般为 30～100 mm，本工程取 70 mm，高度 2640＋140＝2780 mm

所以，WQCA－3028－1516 生产尺寸如图 2－1－10 所示。

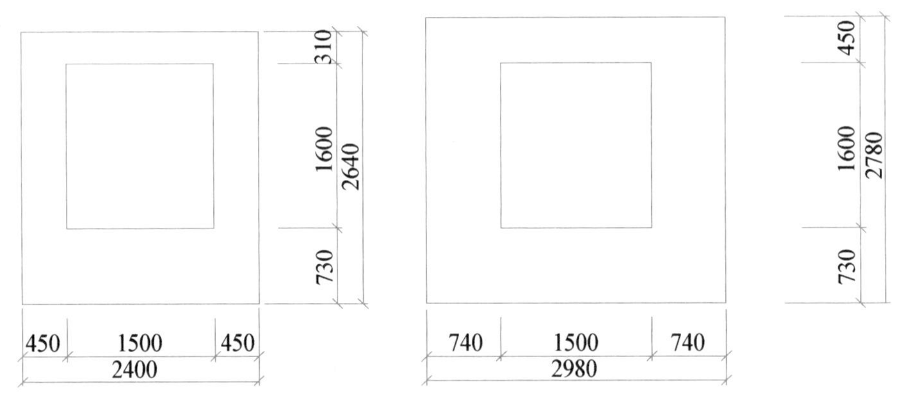

图 2－1－10　预制外墙板生产尺寸示意图

表 2－1－4　预制外墙板生产尺寸表

	实际宽度(mm)	实际高度(mm)	实际厚度(mm)
内页墙板	2400	2640	200
保温层	2940	2780	70
外叶墙板	2980	2780	60

查阅图集第 13 页 WQCA 索引图，其中 WQCA 选用表给出 WQCA－3028－1516 的重

量(未考虑保温材料)为 2851 kg。

表 2-1-5　WQCA 选用表

层高 H(mm)	墙板编号	标志宽度 L(mm)	L_W (mm)	L_0 (mm)	h_a (mm)	h_b (mm)	h_c (mm)	墙板详图	墙板重量 (kg)
2800	WQCA-3028-1516	3000	1500	450	730 (780)	1600	310 (260)	第 124～125 页	2851
	WQCA-3328-1816	3300	1800	450				第 126～127 页	3060
	WQCA-3628-1816	3600	1800	600				第 128～129 页	3581
	WQCA-3628-2116	3600	2100	450				第 130～131 页	3269
	WQCA-3928-2116	3900	2100	600				第 132～133 页	3790
	WQCA-3928-2416	3900	2400	450				第 134～135 页	3478
	WQCA-4228-2416	4200	2400	600				第 136～137 页	3999
	WQCA-4228-2716	4200	2700	450				第 138～139 页	3687

2. 材料准备

(1) 混凝土

表 2-1-6　混凝土各组成原材料用量表

工程名称：

构件编号		规格	内叶板：WQCA-3028-1516 保温层：t=70 mm 外叶板：wy1	净尺寸	
砼标号	C30	砼体积(m^3)		水泥品种	
实验室配合比					
砂含水率			石含水率		
施工配合比					
每 m^3 混凝土各组成材料用量(kg)					
水泥		砂		石	
水					

① 混凝土配合比计算

内叶板 WQCA-3028-1516 按环境类别一类设计，厚度为 200 mm，建筑面层为

50 mm,混凝土强度等级为C30,坍落度要求35～50 mm,混凝土采用机械搅拌,机械振捣,构件生产单位无历史统计资料。采用的材料为:

水泥:强度等级为42.5的普通硅酸盐水泥,密度为3000 kg/m^3,胶凝材料实测强度为43.5 MPa。

砂:中砂,$M_x=2.5$,表观密度$\rho_s=2650\ kg/m^3$,现场砂含水率为3%。

石子:表观密度$\rho_g=2700\ kg/m^3$,现场砂含水率为1%。

水:自来水。

A. 初步计算配合比

确定配置强度$f_{cu,o}=f_{cu,k}+1.645\sigma=30+1.645\times5=38.2$ MPa

确定水胶比碎石回归系数$\alpha_a=0.53$,$\alpha_b=0.20$

$$W/B=\frac{\alpha_a f_b}{f_{cu,o}+\alpha_a\alpha_b f_b}=\frac{0.53\times43.5}{38.2+0.53\times0.2\times43.5}=0.54$$

结构处于干燥环境,要求$W/B\leqslant0.6$,所以水胶比可取0.54。

确定单位用水量,由坍落度要求35～50 mm、碎石最大粒径$D_{max}=20$ mm确定用水量为$m_{wo}=195$ kg。

计算胶凝材料用量$m_{co}=\dfrac{m_{wo}}{W/B}=\dfrac{195}{0.54}=361$ kg。

处于干燥环境,要求胶凝材料用量最少为280 kg,所以可取361 kg。

确定合理砂率值$(\beta_s)W/B=0.54$,碎石最大粒径$D_{max}=20$ mm,可取$\beta_s=35\%$。

计算砂子、石子用量(m_{go}及m_{so}):用体积发计算,取$a=1$,则。

$$\begin{cases}\dfrac{361}{3000}+\dfrac{m_{so}}{2650}+\dfrac{m_{go}}{1000}+\dfrac{195}{1000}+0.01\times1=1\\ \dfrac{m_{so}}{m_{so}+m_{go}}=0.35\end{cases}$$

解得:$m_{go}=1184$ kg,$m_{so}=639$ kg

初步计算配合比为:

$m_{co}:m_{go}:m_{so}:m_{wo}=361:639:1184:195=1:1.77:3.28:0.54$

B. 配合比的试配、调整和确定

确定基准配合比:按照初步计算配合比,试拌混凝土20 L,其材料用量为:

水泥:$0.02\times361=1.22$ kg

水:$0.02\times195=3.9$ kg

砂:$0.02\times639=12.78$ kg

石子:$0.02\times1184=23.68$ kg

经搅拌后做坍落度试验,其值为20 mm,不符合要求,因此增加水泥浆(水胶比为0.54),则水泥用量增至9.3 kg,水用量增至5.02 kg,调整后材料用量为:

水泥:9.3 kg,水:5.02 kg,砂12.78 kg,石子23.68 kg,总质量为50.78 kg

经搅拌后,测得坍落度为30 mm,黏聚性、保水性均良好。混凝土拌合物的实测标贯密度为2390 kg/m^3,则1 m^3混凝土的材料用量为:

$$m_{c,j}=\frac{m_{c,b}}{m_{c,b}+m_{s,b}+m_{g,b}+m_{w,b}}\cdot\rho_{c,t}=\frac{9.3}{50.78}\times 2390=438\ \text{kg}$$

$$m_{s,j}=\frac{m_{s,b}}{m_{c,b}+m_{s,b}+m_{g,b}+m_{w,b}}\cdot\rho_{c,t}=\frac{12.78}{50.78}\times 2390=602\ \text{kg}$$

$$m_{g,j}=\frac{m_{g,b}}{m_{c,b}+m_{s,b}+m_{g,b}+m_{w,b}}\cdot\rho_{c,t}=\frac{23.68}{50.78}\times 2390=1115\ \text{kg}$$

$$m_{w,j}=\frac{m_{w,b}}{m_{c,b}+m_{s,b}+m_{g,b}+m_{w,b}}\cdot\rho_{c,t}=\frac{5.02}{50.78}\times 2390=236\ \text{kg}$$

基准配合比为：$m_{c,j}:m_{s,j}:m_{g,j}:m_{w,j}=438:602:1115:236=1:1.37:2.55:0.54$

强度检验：在基准配合比基础上，拌制三种不同水胶比的混凝土。其中一组是水胶比为0.54的基准配合比，另两组的水胶比各增减0.05，分别为0.49和0.59。经试拌调整以满足和易性的要求，测得其表观密度，0.49的水胶比为2400 kg/m³，0.59的水胶比为2380 kg/m³。制作三组混凝土立方体试件，经28天标准养护，测得抗压强度0.49的为43.0 MPa，0.54的为40.1 MPa，0.59的为35.3 MPa。

根据上述三组抗压强度实验结果，可知水胶比为0.54的基准配合比的混凝土强度能够满足配置强度 $f_{cu,o}=38.2$ MPa的要求，可定位混凝土的设计配合比。所以，设计配合比1 m³混凝土各组成材料的用量分别为：

水泥：429 kg，水：236 kg，砂：602 kg，石子：1115 kg。

C. 现场施工配合比

将设计配合比换算成现场施工配合比，用水量应扣除砂、石子所含的水量，而砂、石用量则应增加砂、石含水的质量。所以，施工配合比为：

水泥：429 kg

砂：602×(1+0.03)=620 kg

石子：1115×(1+0.01)=1126 kg

水：236−602×0.03−1115×0.01=207 kg

② 混凝土工程量计算

内叶墙板 WQCA－3028－1516 厚度200 mm，建筑面层50 mm，参照图2－1－10。

内页墙板体积：2.4×2.64×0.2−1.5×1.6×0.2=0.79 m³

外页墙板体积：2.98×2.78×0.06−1.5×1.6×0.06=0.35 m³

总体积为：0.79+0.35=1.14 m³

混凝土工程量：查表1－1－9，考虑损耗量，

混凝土预制构件制作工程量=1.14×(1+1.5%)=1.26 m³

③ 混凝土各组成材料用量

内叶板 WQCA－3028－1516 中混凝土各组成材料用量如下：

水泥：429×0.80=343.2 kg

砂：620×0.80=496 kg

石子：1126×0.80=900.8 kg

水：207×0.80=165.6 kg

(2) 钢筋

表 2-1-7　钢筋选用单

工程名称：

构件编号		规格	内叶板： WQCA-3028-1516 保温层：t=70 mm 外叶板：wy1	数量	
钢筋型号(一块剪力墙)					
钢筋级别			重量		
钢筋级别			重量		
钢筋级别			重量		
钢筋下料单(一块剪力墙)					

WQCA 的具体配筋可以查表 2-1-5 WQCA-3028-1516 配筋图，由图中钢筋表查询到。

表 2-1-8　WQCA-3028-1516 钢筋表

钢筋类型		钢筋编号	一　级	二　级	三　级	四级非抗震	钢筋加工尺寸	备　注
连梁	纵筋	12a	2Φ16	2Φ16	2Φ16	2Φ16	200　2400　200	外露长度 200
		12b	2Φ10	2Φ10	2Φ10	2Φ10		
	箍筋	1G	16Φ10	15Φ8	15Φ8	15Φ6	(240) 110　290　160	焊接封闭箍筋
	拉筋	1L	16Φ8	15Φ8	15Φ8	15Φ6	10d　170　10d	d 为拉筋直径
边缘构件	纵筋	22a	12Φ16	12Φ16	—	—	23　2466　290	一端车丝长度 23
			—	—	12Φ14	—	21　2484　275	一端车丝长度 21
			—	—	—	12Φ12	18　2500　260	一端车丝长度 18
		22b	4Φ10	4Φ10	4Φ10	4Φ10	2610	
	箍筋	20a	20Φ8	—	—	—	330　120	焊接封闭箍筋
		20b	22Φ8	22Φ8	22Φ6	22Φ6	200　415　120	焊接封闭箍筋
		20c	2Φ8	2Φ8	2Φ6	2Φ6	200　425　140	焊接封闭箍筋
		20d	8Φ8	8Φ8	8Φ6	8Φ6	400　120	焊接封闭箍筋
		2La	80Φ8	60Φ8	60Φ6	60Φ6	10d　130　10d	d 为拉筋直径
		2Lb	22Φ6	22Φ6	22Φ6	22Φ6	30　130　30	
		2Lc	4Φ8	4Φ8	4Φ6	4Φ6	10d　150　10d	d 为拉筋直径

续　表

钢筋类型		钢筋编号	一　级	二　级	三　级	四级非抗震	钢筋加工尺寸	备　注
窗下墙	水平筋	3a	2Φ10	2Φ10	2Φ10	2Φ10	400 1500 400	
	水平筋	3b	8Φ8	8Φ8	8Φ8	8Φ8	150 1500 150	
	竖向筋	3c	14Φ8	14Φ8	14Φ8	14Φ8	80 700(750) 80	
	拉筋	3L	Φ6@400	Φ6@400	Φ6@400	Φ6@400	30 160 30	

工程抗震等级为三级，建筑面层做法厚度为 50 mm。

查阅图集第 13 页 WQCA 索引图，其中 WQCA 钢筋骨架示意图(如图 2-1-11 所示)，包括边缘构件骨架(GJ1)、梁钢筋骨架(GJ2)、钢筋网片 1(WP1)和钢筋网片 2(WP2)。

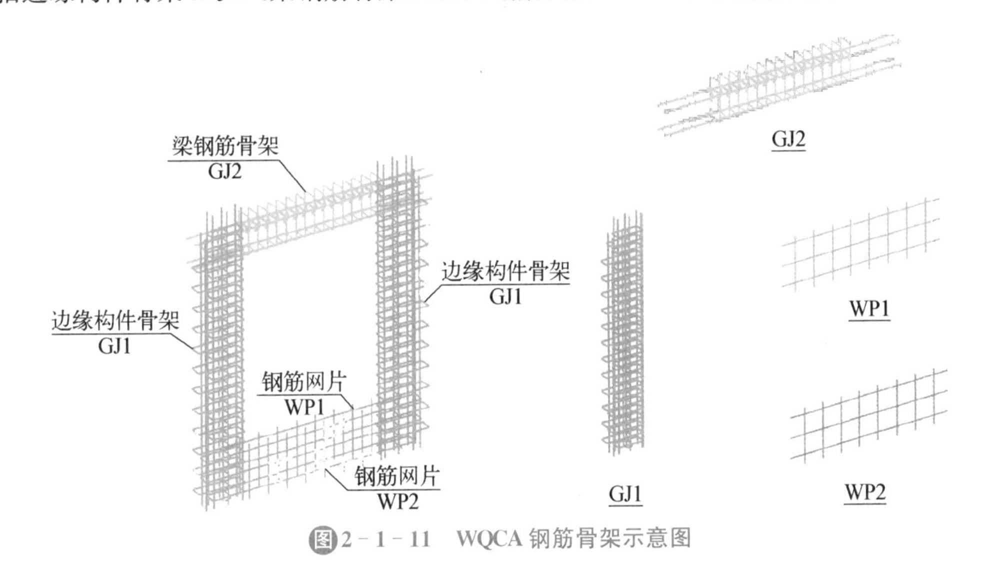

图 2-1-11　WQCA 钢筋骨架示意图

① 边缘构件钢筋计算

根据图 2-1-11 和图 2-1-5，边缘构件骨架 GJ1，包含纵筋和箍筋。查阅图集 59 页 5-5剖面，如图 2-1-12 所示。

纵筋：沿墙宽度方向，距离内叶墙板侧边 30 mm 放第一根纵筋 2Zb，查钢筋表为Φ10，直钢筋，不出墙，无灌浆套筒，每个 GJ1 放 2 根，两个 GJ1 共 4 根。距离第一根纵筋 70 mm 放第二根纵筋 2Za，沿墙板底部与半灌浆套筒相连，与下一层剪力墙出墙纵筋连接，墙板顶端出剪力墙，与上一层剪力墙底套筒完成灌浆连接，如图 2-1-13 所示。距第二根纵筋 150 mm放第三根纵筋 2Za，距第三根纵筋 150 mm 放第四根纵筋 2Za(距离窗洞口边 50 mm)，每个 GJ1 有 6 根，两个 GJ1 共 12 根，Φ14。

沿墙厚度方向，纵筋分两排放置，距墙边 30 mm 放第一根纵筋 2Zb，距离第一根纵筋 140 mm 放第二根纵筋 2Zb。距离墙板 55 mm 放置第一根纵筋 2Za，距离第一根纵筋90 mm 放第二根纵筋 2Za。

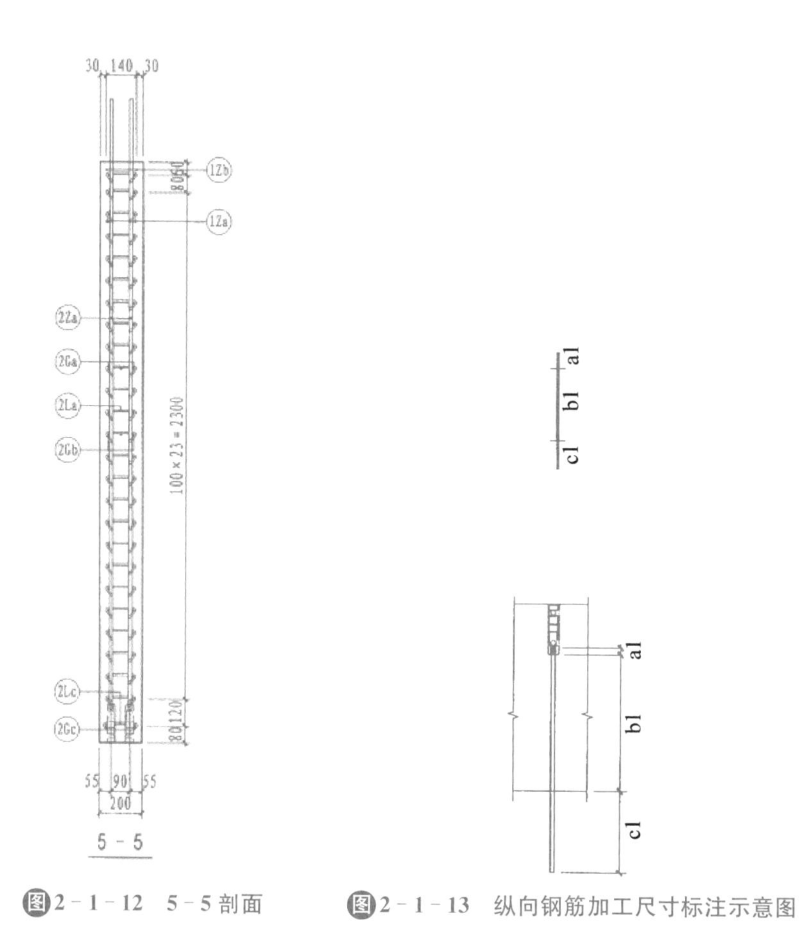

图2－1－12　5－5剖面　　　图2－1－13　纵向钢筋加工尺寸标注示意图

纵筋 **2Zb**：钢筋表中给出纵筋2Zb为4⌀10，4根直径10 mm的HRB400钢筋，钢筋加工尺寸 2610 ，每根长度2610 mm。

纵筋 **2Za**：查钢筋表，纵筋2Za为12⌀14。图2－1－13中，a1表示与半灌浆套筒需要车丝的长度，b1表示剪力墙内钢筋长，c1表示出剪力墙钢筋长度，钢筋加工尺寸 21 | 2484 | 275，一端车丝长度21 mm（如图2－1－14），每根长度21＋2484＋275＝2780 mm。

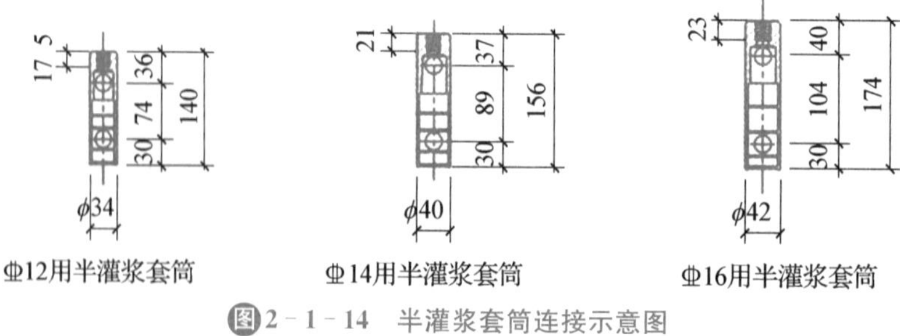

图2－1－14　半灌浆套筒连接示意图

箍筋及拉筋：箍筋加工尺寸标注示意图如图2－1－15所示，拉筋加工尺寸标注示意图如图2－1－16所示。

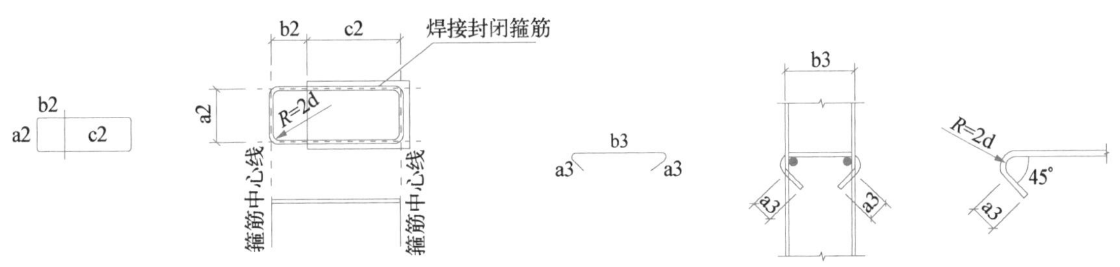

注:配筋图中箍筋长度均为中心线长度。

图2-1-15　箍筋加工尺寸标注示意图

注:配筋图中a3为弯钩处平直段长度,b3为被拉钢筋外表皮距离

图2-1-16　拉筋加工尺寸标注示意图

箍筋 2Gc:结合 1-1(图 2-1-17)和 5-5(图 2-1-12)剖面,沿内叶墙板高度方向,墙板底部套筒连接区域,距离板底 80 mm 放置第一根箍筋 2Gc,Φ 6,钢筋加工尺寸 200 425 140。沿宽度方向,距离窗洞口边 25 mm(保护层厚度),出剪力墙 200 mm,每个 GJ1 设置 1 根,共 2 根,每根长度(200+425)×2+140×2=1530 mm。

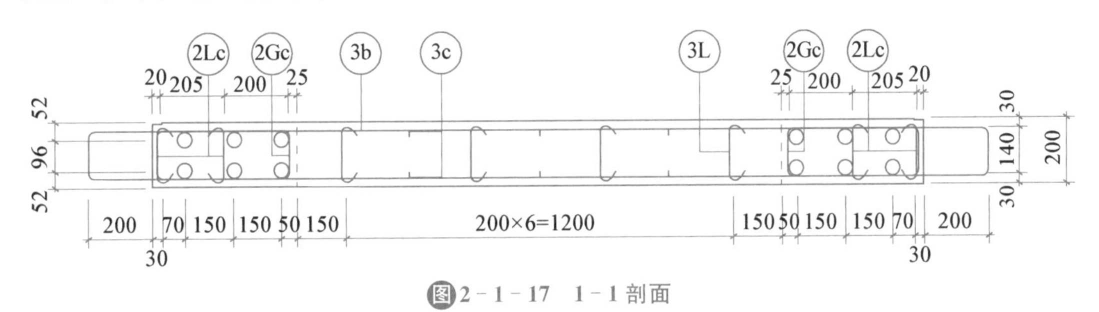

图2-1-17　1-1 剖面

拉筋 2Lc:沿第一排纵筋 2Zb 和第三排纵筋 2Za 设拉筋 2Lc,每个 GJ1 设置 2 根,共 4 根,4 Φ 6,钢筋加工尺寸10d 150 10d,每根长度 10×6×2+150=270 mm。

箍筋 2Gb:距离箍筋 2Gc 120 mm 放置第一根箍筋 2Gd,每间隔 200 mm 放置一根,每个 GJ1 放 11 根,共 22 根,22 Φ 6,钢筋加工尺寸200 415 120。沿宽度方向,距离窗洞口边 25 mm(保护层厚度),出剪力墙 200 mm,每根长度(200+415)×2+120×2=1470 mm。

箍筋 2Gd:距离箍筋 2Gb 100 mm 放置箍筋 2Gd,间隔 200 mm 再放置一根箍筋 2Gd。由 4-4(图 2-1-18)和 5-5(图 2-1-12)剖面,连梁内还有 2 根,每个 GJ1 有 4 根,共 8 根,8 Φ 6,钢筋加工尺寸 400 120。沿宽度方向,距离窗洞口边 25 mm(保护层厚度),不出剪力墙,每根长度 400×2+120×2=1040 mm。

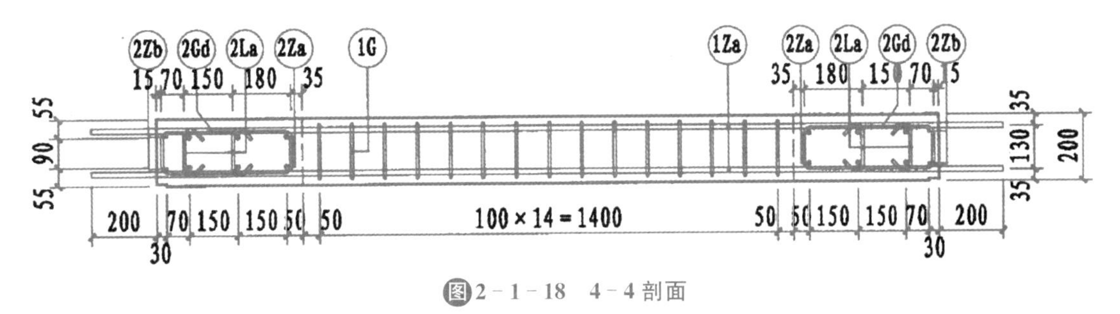

图2-1-18　4-4 剖面

拉筋 2Lb:纵筋 2Zb 和箍筋 2Gd 交叉位置设置拉筋 2Lb,共 22 根,22 Φ 6,钢筋加工尺寸

30 130 30，每根长度 30×2＋130＝190 mm。

拉筋 2La：第一排和第二排纵筋 2Za 和箍筋 2Gb、2Gd 交叉位置设置拉筋 2La，共 60 根（22×2＋8×2＝60），22 ⌀ 6，钢筋加工尺寸10d 130 10d，每根长度 30×2＋130＝190 mm。

② 连梁钢筋计算

根据图 2－1－11 和图 2－1－5，连梁钢筋骨架 GJ2，包括上部钢筋 1Zb、下部纵筋 1Za、箍筋 1G 和拉筋 1L。

上部纵筋 1Zb：2 ⌀ 10，2 根直径 10 mm 的三级钢，钢筋加工尺寸200 2400 200，保护层厚度 35 mm，每根长度 200＋2400＋200＝2800 mm，由 4－4 剖面图，1Za 每边出内页墙板侧面 200 mm，为直钢筋。

下部纵筋 1Za：2 ⌀ 16，2 根直径 16 mm 的三级钢，钢筋加工尺寸200 2400 200，与上部纵筋 1Zb 距离 235 mm（距离梁底 40 mm），每根长度 200＋2400＋200＝2800 mm，由 4－4 剖面图，1Za 每边出内页墙板面 200 mm，为直钢筋。

箍筋 1G：15 ⌀ 8，15 根直径 8 mm 的三级钢，距离窗洞口边缘 50 mm（距 GJ1 第四排纵筋 2Za 为 100 mm）放置第一根箍筋，每隔 100 mm 放一根，共 15 根，钢筋加工尺寸110 290 160，每根长度（110＋290）×2＋160×2＝1120 mm。

拉筋 1L：15 ⌀ 8，15 根直径 8 mm 的三级钢，纵筋与箍筋交叉处设拉筋，钢筋加工尺寸10d 170 10d，每根长度 10×8×2＋170＝330 mm。

③ 窗下墙钢筋计算

根据图 2－1－11 和图 2－1－5，窗下墙钢筋网片 WP1 和 WP2，包括水平筋、竖向筋和拉筋，加工尺寸标注示意图如图 2－1－19 所示。

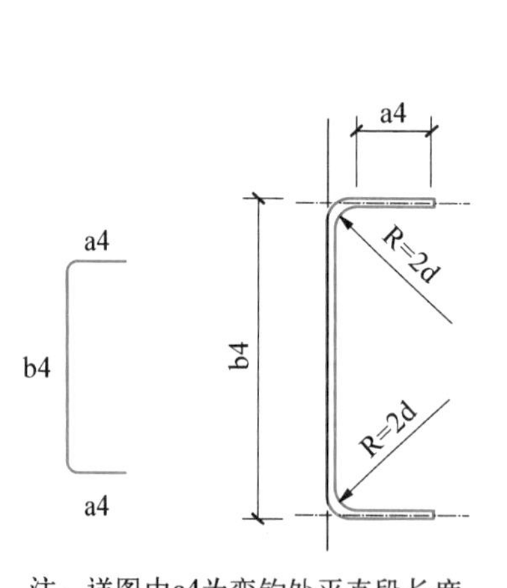

图 2－1－19　窗下墙钢筋加工尺寸标注示意图

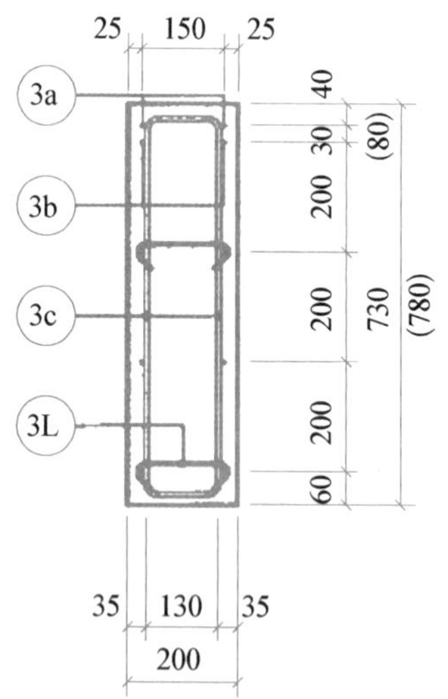

图 2－1－20　7－7 剖面

水平筋 3a：查阅 1－1（图 2－1－17）和 7－7（图 2－1－20）剖面，钢筋网片 WP1，沿墙高度方向，距离窗洞口底边 40 mm 放置水平筋 3a，⌀ 10，钢筋加工尺寸400 1500 400，每边深入剪力墙墙肢 400 mm，总长 400＋1500＋400＝2300 mm，WP2 配筋同 WP1，共 2 根。沿墙厚方向，距离墙边 25 mm 放置第一排水平筋，间距 150 mm 放置第二排水平筋。水平钢筋在外，竖向钢筋在内。

水平筋 3b：沿高度方向，距离水平筋 3a 30 mm 放置水平筋 3b，Φ 8，每间隔 200 mm 放置一根，单排 4 根，两个钢筋网片共 8 根。钢筋加工尺寸150 1500 150，每边深入剪力墙墙肢150 mm，总长 150+1500+150=2800 mm。

竖向筋 3c：水平筋内侧放置竖向筋 3c，Φ 8，钢筋加工尺寸80 700 (750) 80（括号内数字为建筑面层为 100 mm 时的长度，本工程建筑面层 50 mm，取 700 mm），每根长度 80×2+700=860 mm。查 1-1（图 2-1-17）剖面，沿墙宽度方向，距离窗洞口边 150 mm 放置第一根，每隔 200 mm 放置一根，单排 7 根，两排共 14 根。

拉筋 3L：水平筋与竖向筋交点处放置拉筋 3L，Φ 6 @400，每隔 400 mm 放一根，两排共8 根。钢筋加工尺寸30 160 30，每根长度 30×2+160=220 mm

④ 钢筋选用

表 2-1-9　WQCA-3028-1516 钢筋选用表

钢筋规格	长度(m)	重量(kg)
Φ 6	1470×22+1530×2+1040×8+250×60+190×22+270×4+220×8=65740 mm=65.74	0.222×65.74=14.59
Φ 8	1120×15+330×15+1800×8+860×14=48190 mm=48.19	0.395×48.19=19.04
Φ 10	2800×2+2610×4+2300×2=20640 mm=20.64	0.617×20.64=12.73
Φ 14	2780×12=33360 mm=33.36	1.208×33.36=40.30
Φ 16	2800×2=5600 mm=5.6	1.578×5.6=8.84

注：常用钢筋的理论重量可以查表 1-1-11。

wy1 配筋可以查图集 225 页 WQC1、WQCA 外叶墙板详图（如图 2-1-21 所示），其中WQC-wy1 配筋图及钢筋表给出了具体的配筋信息。钢筋采用焊接网片，冷轧带肋钢筋（ϕ^R），间距应小于 150 mm。

结合配筋图、1-1 剖面和图 2-1-8，外叶墙板标志宽度 3000 mm，层高 2800 mm，实际宽度 2800 mm，实际高度 2780 mm。

沿高度方向，从板底往上 15 mm 对应的是叠合板后浇混凝土浇筑完成后的楼层板顶，板底往上 35 mm 对应的是内墙墙板的底面，外叶墙板比内叶墙板长 35 mm，用于外墙防水节点做法，H 代表的是层高 2.8 m。图 2-1-7 给出 h_a 表示窗下墙的高度，730 mm，标注 h_a+35 对应的是从外叶墙板的底边到窗洞口底边的距离，765 mm。字母 h_w 对应的是窗户的高度，1600 mm，h_b 对应的是窗洞口顶边到外叶墙板顶边的距离（连梁高度），310 mm。外叶墙板上边比内叶墙板长 140 mm，由 1-1 剖面，外叶墙板上部有 35 mm 的防水构造，所以，标注中 h_b+105 对应的是外叶墙板顶部防水构造做法的底面，415 mm。

沿宽度方向，L_0 表示洞口两边墙肢宽度，450 mm，wy1 对应的 $a=b=290$ mm，L_0+a 和 L_0+b 对应的窗洞口边到外叶板边的距离 740 mm。是 L_w 表示窗洞口的宽度，1500 mm。

沿高度方向钢筋布置：距离外叶墙板底板 20 mm 放第一根钢筋，④号筋，$\phi^R 5$，布置范围窗下墙高度范围内，按照设计的间距 h_1，每隔 $h1$ 放置一根，依次排放。最上面一根距离窗

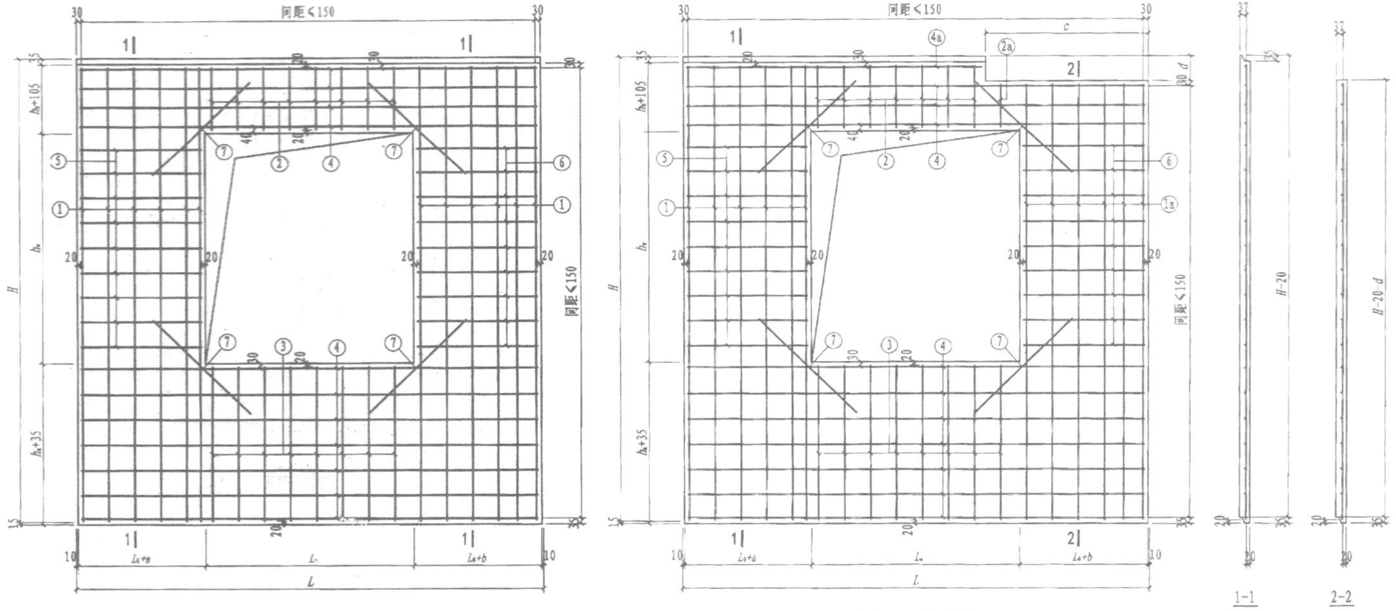

WQC-wy1配筋图

WQC-wy2配筋图

1-1

2-2

钢筋类型	钢筋编号	WQC-wy1 WQC-wy2	钢筋加工尺寸	备注
竖向筋	①	$\Phi^{R}5$	$H-60$	焊接钢筋网片
	②	$\Phi^{R}5$	h_b+65	
	③	$\Phi^{R}5$	h_a-5	
水平筋	④	$\Phi^{R}5$	$L-60$	
	⑤	$\Phi^{R}5$	L_0+a-40	
	⑥	$\Phi^{R}5$	L_0+b-40	
加固筋	⑦	2⌀8×4	800	角部各放2根

钢筋类型	钢筋编号	WQC-wy2	钢筋加工尺寸	备注
竖向筋	(1a)	$\Phi^{R}5$	$H-d-25$	焊接钢筋网片
	(2a)	$\Phi^{R}5$	$h_b-d+100$	
水平筋	(4a)	$\Phi^{R}5$	$L-c-60$	

注：1. 本图适用于一个窗洞外墙板(WQC1××和WQCA××),设计人员可根据实际预制外墙板尺寸选择相应类型外叶墙板。

2. WQC-wy1适用于无阳台外叶墙板，WQC-wy2适用于有阳台板外叶墙板。WQC-wy2阳台板缺口仅以单侧表示钢筋排布方法。

3. 外叶墙板中钢筋采用焊接网片，间距应小于150 mm。

4. 外叶墙板上未表示拉结件，设计人员应根据实际情况另行补充设计。

扫码查看

高清图片

图2-1-21 WQC1、WQCA外叶墙板详图

洞口底边 30 mm，加工尺寸为$\underline{\qquad 2940 \qquad}$，长度 $L-10-10-20-20=L-60=3000-60=2940$ mm。根数$\dfrac{(h_a+35)-35-30}{h_1}+1=\dfrac{h_a-30}{h_1}+1=\dfrac{730-30}{h_1}+1=\dfrac{700}{h_1}+1$。

距离最上面一根④号筋 $h1$（距离洞口底边 h_1-30）放置第一根钢筋⑤号筋（左墙肢）和⑥号筋（右墙肢），ϕ^R5，分布范围为窗洞口高度范围 $h_w-(h1-40)-(h1-30)=h_w-2h_1+70$ mm，加工尺寸为$\underline{\qquad 700 \qquad}$，长度为 $L_0+a-20-20=L_0+b-20-20=740-40=700$ mm，根数$\dfrac{h_w-2h_1+70}{h_1}+1$。

距离最上面一根⑤号或⑥号筋 $h1$（距离洞口顶边 40）放置第一根④号筋，每隔 $h1$ 放置一根，分布范围 $h_b+105=415$ mm，最上面一根钢筋距离外叶墙板顶部防水构造做法的底面 30 mm，长度为 2940 mm，根数$\dfrac{h_b+105-30-40}{h_1}+1=\dfrac{310+105-30-40}{h_1}+1=\dfrac{345}{h_1}+1$。

沿宽度方向钢筋布置，距离墙边 30 mm 放置第一根钢筋，①号筋，ϕ^R5，按照设计的间距 h_2，每隔 h_2 放置一根，分布范围 $L_0+a=450+290=740$ mm，最右侧一根距离洞口边 30 mm，加工尺寸为$\underline{\qquad 2740 \qquad}$，长度 $H+15-35-20-20=H-60=2800-60=2740$ mm，根数$\dfrac{740-30-30}{h_2}+1$，洞口右侧①号筋布置同左侧。

按照间距 $h2$，距离①号筋 $h2$ 放置第一根②号筋（洞口上方）和③号筋（洞口下方），ϕ^R5，分布范围洞口宽度范围内上、下墙体，②号筋加工尺寸为$\underline{\qquad 375 \qquad}$，长度 $h_b+105-20-20=h_b+65=310+65=375$ mm，③号筋加工尺寸为$\underline{\qquad 725 \qquad}$，长度 $h_a+35-20-20=h_a-5=730-5=725$ mm，根数为 $1+1500/h2$。

窗洞口四角放置加固筋⑦号筋，每个角上放置 $2\Phi8$，共 8 根，钢筋加工尺寸为$\underline{\qquad 800 \qquad}$，长度为 800 mm。

(3) 预埋件

查图 2-1-4 模板图中预埋件明细表（见表 2-1-10）

表 2-1-10　预埋件明细表

编号	名称	数量	备注
MJ1	吊件	2	可选件详见 234 页
MJ2	临时支撑预埋螺母	4	
B-5	填充用聚苯板	2	详见 235 页
TT1/TT2	套筒组件	6/6	详见 235 页
TG	套管组件	2	详见 234 页
预埋线盒位置选用			
位置	中心洞边距 X_L、X_R、X_M(mm)		

续　表

高区	X_L、X_R＝130、280
中区	
低区	X_M＝50、250、450、650、850、1050、1250、1450

① 套筒组件、套管组件

查图 2－1－4 模板图中仰视图

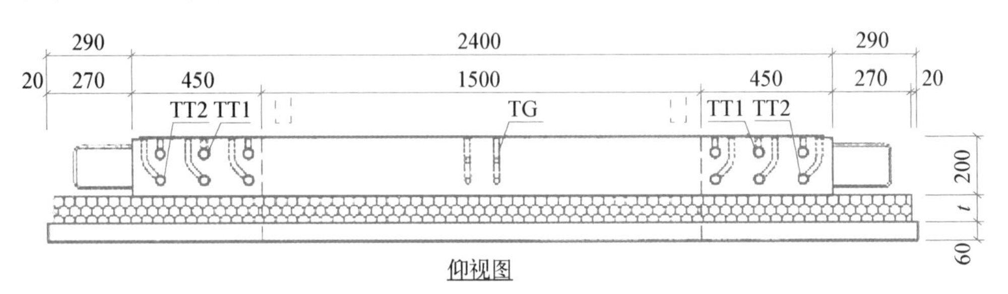

纵筋 2Za(⏀14)与半灌浆套筒连接(如图 2－1－14 所示),内侧采用 TT2,共 6 个,外侧采用 TT1,共 6 个,套筒组件示意图如图 2－1－22 所示,灌浆孔、出浆孔做法(TG)如图 2－1－23 所示。

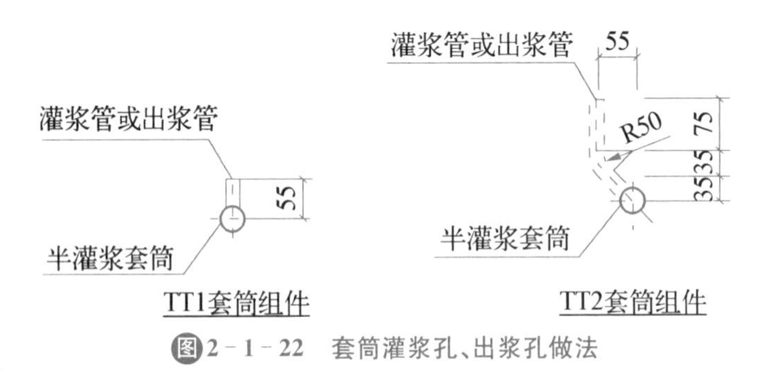

图 2－1－22　套筒灌浆孔、出浆孔做法

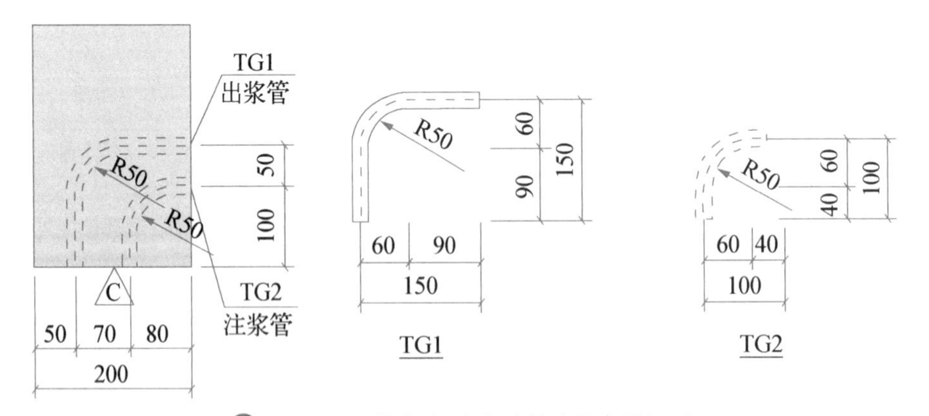

图 2－1－23　灌浆孔、出浆孔做法示意图(TG)

墙肢宽度 450 mm,套筒定位如图 2－1－24 所示。

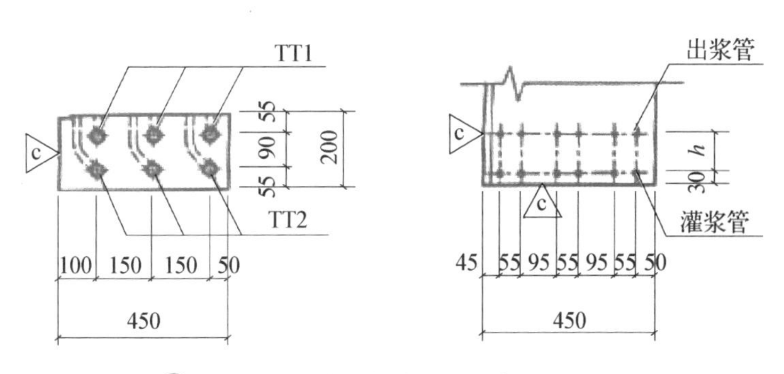

图2-1-24　墙肢套筒定位示意图(T-45)

② 吊件 MJ1

预埋件吊件 MJ1 主要用于剪力墙吊装，图集 15G365-1 第 234 页给出了五种 MJ1 埋件类型(见表 2-1-11)，可以根据实际情况选用。但是吊件的规格及尺寸、埋置深度、周边加强措施、配套吊件及其他要求应由设计计算确定，并应符合国家现行有关标准的要求。设计人员也可以根据工程实际情况，选用其他事宜的产品。设计单位应与生产单位、施工单位协调选择吊件形式，并应满足国家现行有关标准的要求。

看图 2-1-4 模板图主视图，位于内页墙板顶端有 2 个 MJ1-A 型吊件，俯视图给出了 MJ1 的具体位置。

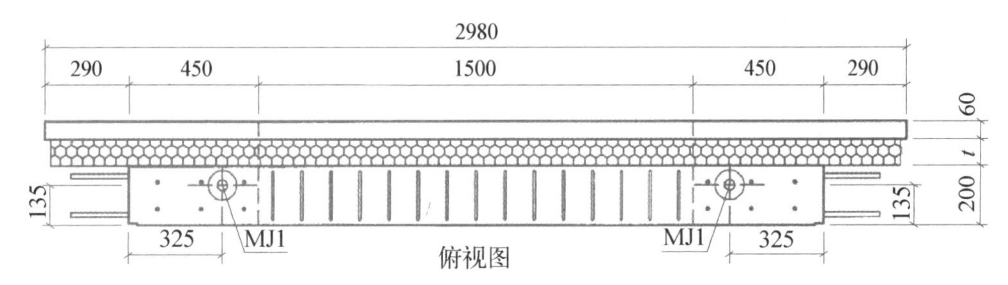

MJ1 位于剪力墙墙肢中，沿宽度方向，距离内页墙板侧边 325 mm，沿厚度方向距离墙板外边缘 135 mm，其他埋置深度等详见具体设计要求。

表 2-1-11　预埋件 MJ1 示意

名称	埋件示意图	备注
MJ1-A	内叶墙 L_1 NJ1-A R C C　内叶墙 L_1 MJ1-A R NS WS 200	1. 埋件用途：预制墙板垂直吊装。 2. L_1：墙板宽度方向定位尺寸。 3. L_2：墙板厚度方向定位尺寸。 4. L_1、L_2 详见构件图。

续 表

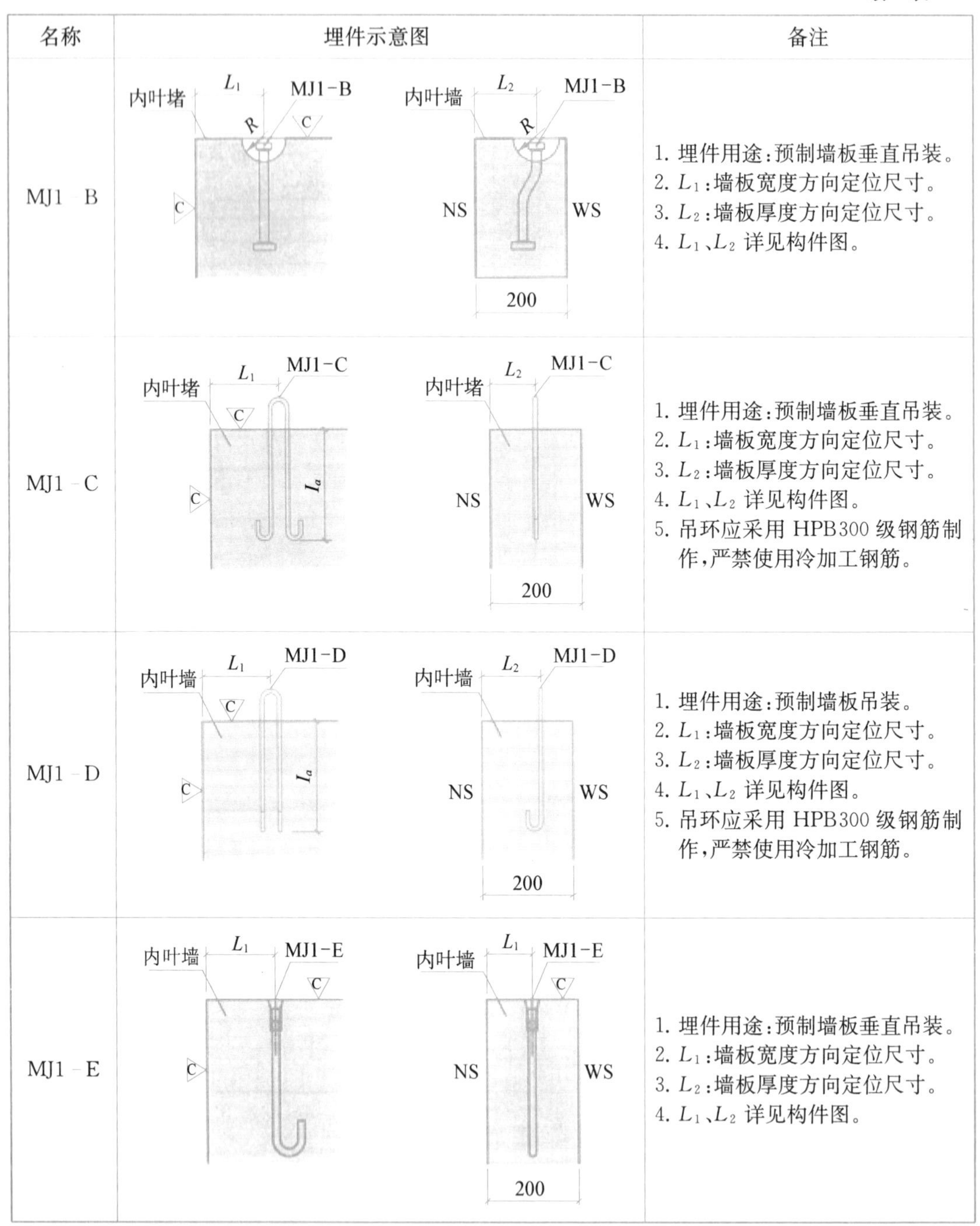

名称	埋件示意图	备注
MJ1－B	内叶堵 L_1 MJ1-B R C C 内叶墙 L_2 MJ1-B R NS WS 200	1. 埋件用途：预制墙板垂直吊装。 2. L_1：墙板宽度方向定位尺寸。 3. L_2：墙板厚度方向定位尺寸。 4. L_1、L_2 详见构件图。
MJ1－C	内叶堵 L_1 MJ1-C C C l_a 内叶堵 L_2 MJ1-C NS WS 200	1. 埋件用途：预制墙板垂直吊装。 2. L_1：墙板宽度方向定位尺寸。 3. L_2：墙板厚度方向定位尺寸。 4. L_1、L_2 详见构件图。 5. 吊环应采用 HPB300 级钢筋制作，严禁使用冷加工钢筋。
MJ1－D	内叶墙 L_1 MJ1-D C C l_a 内叶墙 L_2 MJ1-D NS WS 200	1. 埋件用途：预制墙板吊装。 2. L_1：墙板宽度方向定位尺寸。 3. L_2：墙板厚度方向定位尺寸。 4. L_1、L_2 详见构件图。 5. 吊环应采用 HPB300 级钢筋制作，严禁使用冷加工钢筋。
MJ1－E	内叶墙 L_1 MJ1-E C C 内叶墙 L_1 MJ1-E C NS WS 200	1. 埋件用途：预制墙板垂直吊装。 2. L_1：墙板宽度方向定位尺寸。 3. L_2：墙板厚度方向定位尺寸。 4. L_1、L_2 详见构件图。

③ 临时支撑预埋螺母 MJ2

MJ2 用于剪力墙吊装到位灌浆之前的临时固定，如表 2－1－12 和图 2－1－25 所示。

表 2-1-12 预埋件 MJ2、MJ3 示意

名称	埋件示意图	备注
MJ2 MJ3	L_1 内叶墙 MJ2、MJ3 NS C 200 WS；L_2 内叶墙 MJ2、MJ3 NS C 200 WS	1. 埋件用途：MJ2 用于墙板现场临时支撑；MJ3 用于墙板洞口处临时加固。 2. L_1：墙板宽度方向定位尺寸。 3. L_2：墙板厚度方向定位尺寸。 4. L_1、L_2 详见构件图。

图 2-1-25 剪力墙临时固定

图 2-1-26 剪力墙洞口临时加固

主视图中共有 4 个 MJ2，每个剪力墙墙肢中有两个，下部一个，沿墙板高度方向，距离板底 550 mm，沿墙板宽度方向，距离板侧边 300 mm；上部一个，沿墙板高度方向，距离板底1940 mm(距离下部 MJ2 埋件1390 mm)，沿墙板宽度方向，距离板侧边 300 mm。

表 2-1-12 所示 MJ3 主要用于墙板洞口处临时加固，如图 2-1-26 所示，一般在 WQM 中采用。

④ 填充用聚苯板 B-5

B-5，窗洞口下轻质填充材料，本图集采用模塑聚苯板(EPS)，容重不低于 12 kg/m³，如图 2-1-27 所示。主视图中，共有两块 B-5 聚苯板，位于窗下墙。沿高度方向，距离窗洞口底板下 100 mm，聚苯板高 530 mm。沿宽度方向，距离窗洞口侧边 50 mm 放置，聚苯板宽50 mm，厚 100 mm。

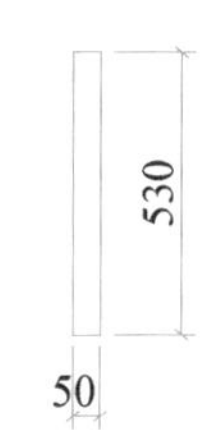

图 2-1-27 B-5 示意图

表 2-1-13 预埋线盒示意

名称	预埋件示意图	备注
DH	螺接头 紧定螺钉 螺纹管接头 爪型螺母 敲落孔 75 75 75 75 75 70 PVC 线盒 铁盒	1. 埋件用途：墙板预埋线盒。 2. PVC 线盒，线盒型号 86H70，壁厚≥2.5 mm。 3. 镀锌铁盒，线盒型号 86H70，壁厚 ≥ 1 mm，承耳厚度 ≥ 1.5 mm。 4. 线盒应有“CCC”认证标志和相关技术资料。

⑤ 预埋线盒

如表 2-1-13 所示，根据设计需要选用，预埋配件明细表中给出了预埋线盒位置参数 X_L、X_R、X_M。窗下墙预埋电线盒时，应调整聚苯板尺寸或微调聚苯板位置，保证电线盒与填充聚苯板净距应大于 20 mm。

⑥ 夹心保温墙板拉结件

连接件是保证预制夹心保温外墙板内、外叶墙板可靠连接的重要部件。纤维增强塑料(FRP)连接件和不锈钢连接件是目前工程应用最普遍的两种连接件。

纤维增强塑料(FRP)连接件由连接板(杆)和套环组成，宜采用单向粗纱与多向纤维布复合，采用拉挤成型工艺制作。为保证 FRP 连接件具有良好的力学性能，并便于安装和可靠锚固，宜设计成不规则形状，端部带有锚固槽口的形式。由于 FRP 连接件长期处于混凝土碱环境中，其抗拉强度将有所降低，因此其抗拉强度设计值应考虑折减系数(可取 2.0)。其性能指标应符合表 2-1-14 的要求。

表 2-1-14　FRP 连接件性能指标

项　目	指标要求	试验方法
拉伸强度，MPa	≥700	GB/T 1447—2005
拉伸弹模，GPa	≥42	GB/T 1447—2005
层间抗剪强度，MPa	≥40	JC/T 773—2010
纤维体积含量，%	≥40	—

不锈钢连接件的性能指标应符合表 2-1-15 的要求。

表 2-1-15　不锈钢连接件性能指标

项　目	指标要求	试验方法
屈服强度/MPa	≥380	GB/T 228.1—2010
拉伸强度/MPa	≥500	GB/T 228.1—2010
拉伸弹模/GPa	≥190	GB/T 228.1—2010
抗剪强度/MPa	≥300	GB/T 6400—2007

图 2-1-28　FRP 连接件

图 2-1-29　不锈钢连接件

⑦ 后浇混凝土模板固定用预埋件

图集中并未给出后浇混凝土模板固定用预埋件，可以与生产单位、施工单位协调，根据实际施工方案设计采用。

3. 模具准备

实心墙板可采用平模和立模两类模具生产。

预制外墙板与后浇混凝土相连的部位，本图集在内叶墙板预留凹槽 30 mm×5 mm，如图 2－1－30 所示，既是保障预制混凝土与后浇混凝土接缝外观平整度的措施，同时也能够防止后浇混凝土漏浆。钢筋 1Za、1Zb、2GB、2Gc 在墙两侧出筋，钢筋 2Za、1G 在墙顶出筋。

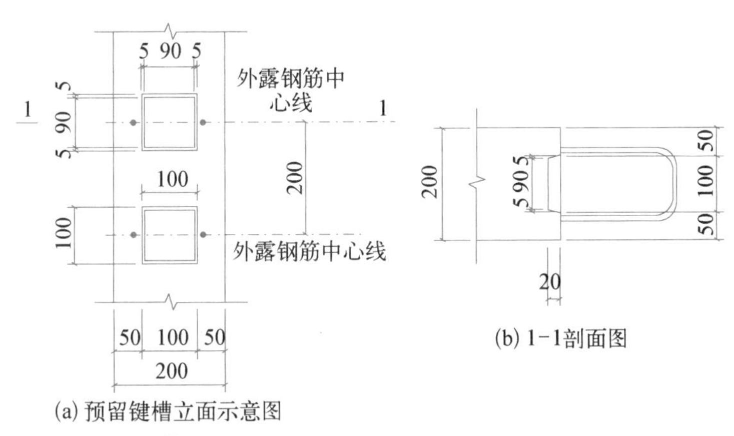

图 2－1－30　预制外墙板两侧键槽示意图

图 2－1－7 WQCA 示意图，为了便于窗洞口内窗户的安装和满足窗户的防水构造，窗洞口节点做法可以由索引符号(3/229)～(6/229)查阅图集得到，如图 2－1－31 所示。内叶墙板节点做法通过索引符号(7/229)查到，如图 2－1－32 所示，外页墙板节点做法如图 2－1－9 所示。

在设置剪力墙模板的时候需要考虑这些因素。

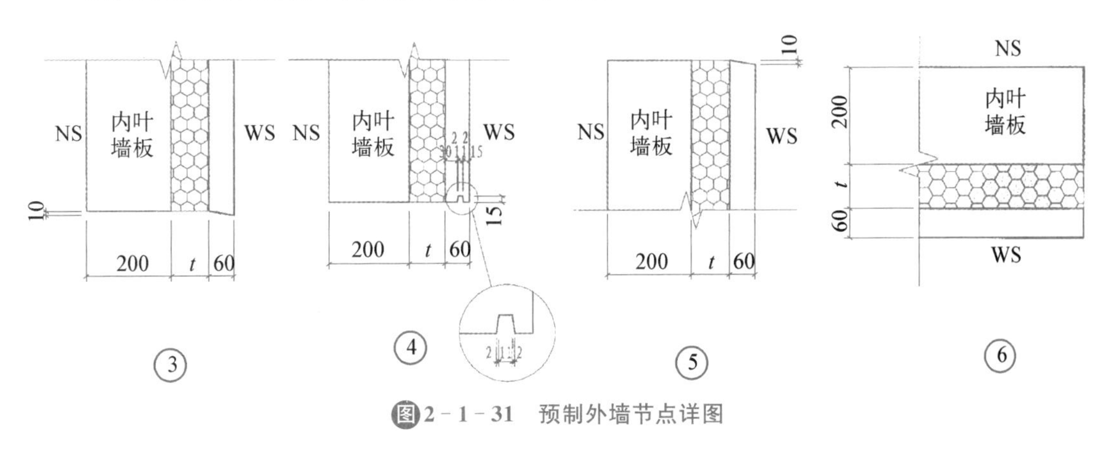

图 2－1－31　预制外墙节点详图

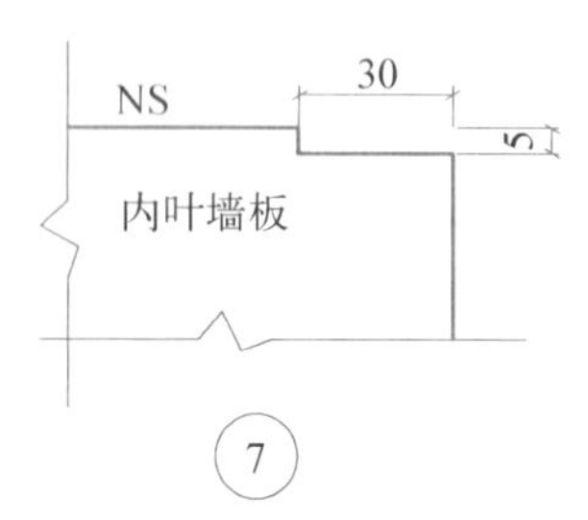

图2-1-32 预制外墙节点详图(内叶墙板)

(1) 平模

平模生产的模具包括侧模、端模、内模、工装与加固四部分组成。在机组流水线工艺中，一般使用模台作为底模;在固定台模工艺中，底模可采用钢模台、混凝土底座等多种形式。侧模与端模是墙的边框模板。有窗户时，模具内要安装窗框内模。带拐角的墙板模具，要在端模的内侧设置内模板。

(2) 立模

立模生产是指生产过程中构件的一个侧面垂直于地面。墙板的另外两个侧面和两个板面与模板接触，最后一个墙板侧面外露。立模生产可以大大减少抹面的工作量，提高生产效率。

图2-1-33 墙板平模

图2-1-34 成组立模

2.1.3 生产工艺

生产工艺

1. 模具、模台清洗

图2-1-35 模具、模台清洗

模具无混凝土残留、无锈蚀，表面干净无异物，手拭无灰尘(粗糙面对应处模具清理要求可适当放宽)

2. 安装外叶板模板

该剪力墙的模板包括外叶板模板、内叶板模板。施工顺序是先组装外叶板模板，尺寸验收通过后，安装外叶板钢筋、浇筑混凝土，安装保温板后养护，形成强度后，再安装内叶板模板。

图2-1-36　外叶板模具安装

3. 刷脱模剂

脱模剂可以采用刷涂、滚涂或喷涂。模板安装后使用规定的脱膜剂均匀地涂抹到位，不可涂抹过度；脱模剂必须在钢筋绑扎前进行，钢筋及预埋件上不得附着脱膜剂。

图2-1-37　刷脱模剂

4. 放外叶板钢筋

外叶板钢筋可以采用现场绑扎，也可以采用模具外绑扎成型或机械加工成型后安装。对于有洞口的墙体，按照设计方案，洞口四角设计有加强筋。

钢筋绑扎成型后，采用塑料垫块控制保护层厚度。

图2-1-38　放外叶板钢筋

5. 安装保温板连接件

由图 2－1－28 和图 2－1－29，根据设计方案，合理选择保温板连接件。对于不锈钢连接件，需要在外叶板钢筋安装完成后、在浇筑混凝土之前一同安装。对于 FRP 连接件，在外叶板混凝土浇筑完成后安装。

图2－1－39　放外叶板钢筋

6. 安装预埋件

剪力墙内预埋件主要包括线盒、管线、灌浆套筒导引管、减重块、对拉螺栓预埋件（剪力墙后浇连接区支模固定用）、吊装用埋件、临时固定用埋件等。预埋件的安装需保证位置准确，在浇筑混凝土过程中确保不移位，所以可以采用固定支架辅助定位和安装。

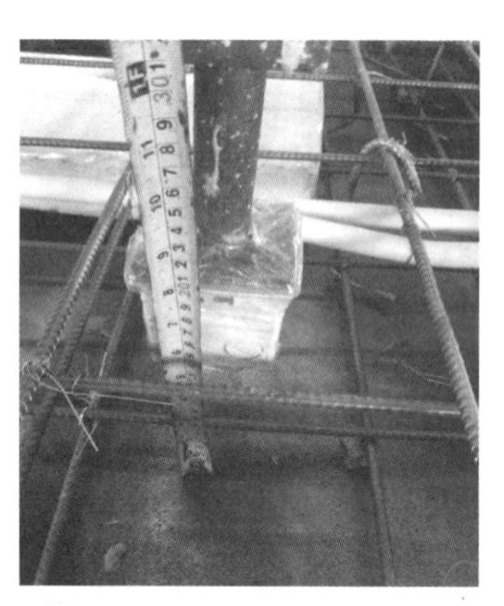

图2－1－40　线盒工装固定

图2－1－41　灌浆套筒封堵

图2－1－42　对拉螺栓预埋件

图2－1－43　EPS 减重块

7. 隐蔽工程验收

图2-1-44　隐蔽工程验收

在混凝土浇筑前进行隐蔽工程检查，检查项目包括下列内容：钢筋的牌号、规格、数量、位置、间距等；纵向受力钢筋的连接方式、接头位置、接头质量、接头面积百分率、搭接长度等；箍筋、横向钢筋的牌号、规格、数量、位置、间距，箍筋弯钩的弯折角度及平直段长度；预埋件、预留孔洞、销键预留洞的规格、数量、位置等；预埋件、销键等的固定状态；钢筋的混凝土保护层厚度、出筋的长度等。

钢筋安装偏差及检验方法应符合表1-1-15的规定，受力钢筋保护层厚度的合格点率应达到90%及以上，且不得有超过表中数值1.5倍的尺寸偏差。

预埋件用钢材及焊条的性能符合设计要求。预埋件加工偏差符合表2-1-16规定；

表2-1-16　预埋件加工允许偏差

项　次	检验项目		允许偏差(mm)	检验方法
1	预埋件锚板的边长		0，−5	用钢尺量测
2	预埋件锚板的平整度		1	用直尺和塞尺量测
3	锚筋	长度	10，−5	用钢尺量测
		间距偏差	±10	用钢尺量测

模具尺寸允许偏差和检验方法应符合表1-1-13的规定；

预埋件和预留孔洞不得歪斜，不得有遗漏，宜通过模具进行定位，并安装牢固，其安装偏差符合表2-1-17的规定；

表2-1-16　模具上预埋件、预留孔洞安装允许偏差

项　次	检验项目		允许偏差(mm)	检验方法
1	预埋管、电线盒、电线管水平和垂直方向的中心线位置偏移、预留孔、浆锚搭接预留孔(或波纹管)		2	用尺量测纵横两个方向的中心线位置，取其中较大值
2	插筋	中心线位置	3	用尺量测纵横两个方向的中心线位置，取其中较大值
		外露长度	+10，0	用尺量测

续 表

项　次	检验项目		允许偏差(mm)	检验方法
3	吊环	中心线位置	3	用尺量测纵横两个方向的中心线位置,取其中较大值
		外露长度	0,−5	用尺量测
4	预埋螺栓	中心线位置	2	用尺量测纵横两个方向的中心线位置,取其中较大值
		外露长度	+5,0	用尺量测
5	预埋螺母	中心线位置	2	用尺量测纵横两个方向的中心线位置,取其中较大值
		平面高差	±1	钢直尺和塞尺检查
6	预留洞	中心线位置	3	用尺量测纵横两个方向的中心线位置,取其中较大值
		尺寸	+3,0	用尺量测纵横两个方向尺寸,取其中较大值

图2-1-45　浇筑混凝土

8. 浇筑外叶板混凝土

预制墙板隐蔽工程经专业质检检验合格并书面确认后方可进入混凝土浇筑作业。

浇筑前检查混凝土强度等级和坍落度是否符合要求,坍落度超过配合比设计允许范围的,应经原配合比设计人员调整,在确保不影响混凝土强度和施工性能的前提下方可使用。下料时控制进入模内的混凝土高度,避免局部堆积。入模的混凝土应布料均匀;放料、振捣时应避免混凝土撒出模具内腔,洒落到模具和地上的混凝土要及时清理干净,浇筑后剩余的混凝土要放到指定料斗里，严禁随地乱放。

振捣方式宜采用振捣棒振捣。振捣应有序，振捣棒不得紧贴模具振捣，振捣棒距模具的距离不得大于 100 mm，振捣棒插入间距不得大于振捣棒有效振捣半径的 1.5 倍；振捣棒应快插慢拔，振捣均匀，防止过振、漏振。振捣过程中避免碰触钢筋骨架和预埋件，以免使其发生位置偏移，保证混凝土表面水平，无突出石子，振捣至混凝土表面基本不再沉落且无明显气泡溢出时即可。

混凝土从出机到浇筑完毕的延续时间，气温高于 25℃时，不宜超过 60 min，气温不高于 25℃时不宜超过 90 min；预制墙板外露箍筋和出筋要采取保护措施，避免浇筑时混凝土污染外露钢筋表面，浇筑完成后要及时清理钢筋上的砂浆。

9. 安装保温板

外叶板混凝土浇筑完成、抹平收光后，开始安装保温板。根据构件尺寸裁取合适大小的保温板直接铺在混凝土面层上，并与保温板连接件做好连接处理。

图 2－1－46　安装保温板

10. 安装内叶板模板

将内叶板模板在模台外组装完成，待混凝土形成强度后，将内叶板模板整体吊装至指定位置后进行固定安装。

图 2－1－47　安装内叶板模板

11. 隐蔽工程验收

在混凝土浇筑前进行隐蔽工程检查，检查项目包括下列内容：钢筋的牌号、规格、数量、位置、间距等；纵向受力钢筋的连接方式、接头位置、接头质量、接头面积百分率、搭接长度等；箍筋、横向钢筋的牌号、规格、数量、位置、间距，箍筋弯钩的弯折角度及平直段长度；预埋件、预留孔洞、销键预留洞的规格、数量、位置等；预埋件、销键等的固定状态；钢筋的混凝土保护层厚度、出筋的长度等。

12. 浇筑内叶板混凝土

根据剪力墙板的尺寸，可以选择人工浇筑、人工配合料斗浇筑等方式完成。施工方法详见前述“浇筑外叶板混凝土”。

图2-1-48　浇筑内叶板混凝土

13. 养护、脱模、吊装

(1) 蒸养养护

蒸养应分静停、升温、恒温、降温四个阶段；

抹面之后静停不宜小于2小时，静停时间以混凝土初凝后、终凝前(用手按压无压痕为标准)。此时可以加盖苫布，开始蒸养；

蒸养开始时，升温速率不超过15℃/h(春秋季控制在10℃/h，冬季控制在15℃/h)，蒸养的最高温度宜控制在45℃，恒温时间不宜小于4小时，降温速率不宜超过10℃/h；

蒸养过程中应如实做好蒸养记录；

蒸养结束后，构件表面温度与环境温度差值不大于25℃时，方可揭开养护罩。

(2) 脱模

拆模之前需做同条件试块的抗压试验，非预应力构件同条件试块抗压强度应满足设计要求且不低于15 MPa；预应力构件同条件试块抗压强度应满足设计要求且不低于设计强度75%。

模具拆卸遵循后装先拆、先外后内的原则，拆卸模板时尽量不要使用重物敲打模具侧模，以免模具损坏或变形。拆模过程中不允许磕碰构件，或以构件为支点使用撬棒，以免造成构件缺棱掉角。模具拆卸下来后应轻拿轻放，大件应使用行车吊运，并整齐地放到模台上的空位处或模台旁边，拆卸下来的所有工装应有序摆放，螺栓、零件等必须放到指定位置或收纳箱内。

(3) 起吊

预制墙板脱模起吊必须以脱模起吊通知单为依据，未收到脱模起吊通知单不得脱模起吊。起吊之前，检查吊具、钢丝绳是否存在安全隐患，尤其要重点检查吊具，如有问题严禁使用，并及时上报整改；检查模具及工装是否拆卸完全，如未完全拆除，禁止起吊；起吊、转运预制墙板必须使用专用吊具，所有吊装埋件应全部使用，不得少用；吊索长度应能保证预制墙板能水平脱离模台，同时吊索与构件的夹角不宜小于60°且不应小于45°；起吊指挥人员要与行车操作工配合好，做到慢起、稳升、缓放，保证构件平稳起吊；严禁斜吊、摇摆或将构件长时间悬吊于空中；异形墙板，图纸设计有角钢、方钢加固墙板，脱模前必须将角钢、方钢固定到位，严禁无加固措施进行起吊(见图2-1-49)。

起吊后的构件保持平稳，运至临时放置区或修补区，横向临时堆放时，及时将PVC注浆管割平至混凝土面(见图2-1-50)，构件吊点下方垫木方，以防碰撞损坏构件。

图2-1-49　起吊前洞口加固

图2-1-50　预制墙板脱模后预埋管处理

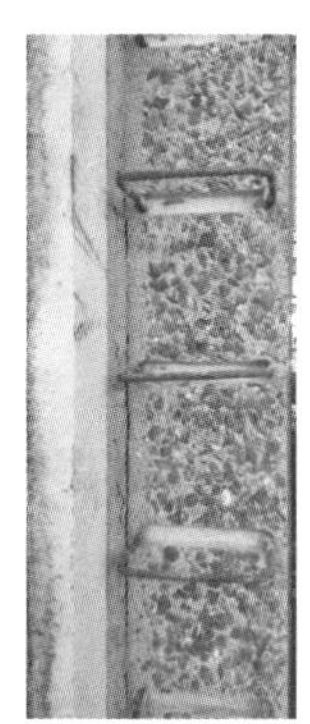

图2-1-51　水洗粗糙面实例

14. 水洗粗糙面

预制构件脱模起吊至冲洗位置，采用高压水冲洗涂抹表面缓凝剂的预制构件混凝土面，将未凝固的水泥及细骨料洗刷掉，露出粗骨料深度不小于6 mm(如图2-1-51所示)。当冲洗条件不具备，可采用钢丝球刷及时进行搓毛。

预制构件粗糙面应全数洗刷或搓毛，粗糙面面积不应小于结合面的80%。当不能满足时，应采用人工凿毛的方式处理粗糙面(如图2-1-52所示)。

预制构件粗糙面采用花纹钢板加角钢条成型的，拆模后无需冲洗及搓毛(如图2-1-53所示)。

粗糙面冲洗完成后，将构件吊至临时堆放区或修补区，进行检查修补。

图2-1-52　粗糙面采用人工凿毛

图2-1-53　粗糙面采用花纹钢板加角钢条成型

15. 修补、打磨

预制墙板先在临时放置点或修补区进行外观检查，检查项目有：平整度、外形尺寸、预埋件位置、外露钢筋长度及位置是否合格，是否破损掉角、混凝土外观无明显瑕疵或色差、预留孔洞是否堵塞、预埋门窗是否正确、有无损坏等。

预制墙板外观不应有缺陷，对已出现的严重缺陷应制定技术处理方案进行处理并重新验收；对一般缺陷应进行修整，要保证修整部位与周边平整度一致，棱角分明且基本无色差。

对于平整度超差或外形尺寸超差及边角毛边处要进行打磨处理，要求打磨处要平整光洁、棱角处无毛边。

2.1.4　质量检测

1. 构件外观尺寸验收

构件拆模后，对构件外观尺寸允许偏差及检验方法应符合表1-1-18的规定。构件有粗糙面时，与粗糙面相关的尺寸允许偏差可适当放宽。

2. 构件外观质量验收

预制墙板拆模后，应及时对外观质量进行全数目测检查。预制墙板外观不应有缺陷，对已出现的严重缺陷应制定技术处理方案进行处理并重新验收；对一般缺陷应进行修整并达到合格。预制构件外观质量缺陷分类详见表1-1-17。

预制墙板成型面要求粗糙面的，表面搓毛应均匀一致；要求拉毛面的，拉毛后应形成条纹应顺直整齐、凹槽深度不小于6 mm的人工粗糙面，粗糙面的面积不小于成型面的80%；要求压光面的，成型的表面应平整、光洁如镜、无压痕。

2.1.5　小　结

本节基于预制混凝土剪力墙外墙板生产过程的分析，以工程实际预制混凝土剪力墙外墙板的生产过程为主线，对预制混凝土剪力墙外墙板的生产准备、生产工艺和质量标准进行了介绍。通过学习，你将能够根据实际工程对预制混凝土剪力墙外墙板生产进行生产准备，根据施工图、相关标准图集等资料制定生产方案，在生产现场进行安全、技术、质量管理控制，正确使用检测工具对生产质量进行检查验收。

任务二　预制混凝土剪力墙内墙板生产

学习目标

通过本任务的学习和实训，主要掌握：

(1) 根据工程实际合理进行预制混凝土剪力墙内墙板生产准备；

(2) 预制混凝土剪力墙内墙板生产工艺；

(3) 正确使用检测工具对预制混凝土剪力墙内墙板生产质量进行检查验收。

2.2.1　生产任务

某工程预制混凝土剪力墙内墙，按照图集《预制混凝土剪力墙内墙板》(15G365－2)(以下简称图集)选用，内墙板编号为 NQ－3028。该工程抗震设防烈度 7 度，结构抗震等级三级，按室内一类环境设计，厚度为 200 mm，建筑面层为 50 mm，混凝土强度等级为 C30，坍落度要求 35～50 mm。

2.2.2　生产准备

1. 技术准备

完成生产图纸交底。

表 2－2－1　预制混凝土剪力墙内墙板生产任务单

工程名称：

构件编号		规格	NQ－2428		
砼标号	C30	砼体积(m^3)		板重量(t)	
模板图 配筋图 钢筋表					
内墙板生产尺寸			窗洞口尺寸		

本工程生产任务为标准图集 15G365－2 选用的内墙板，直接从图集 18、19 页查得剪力墙模板图如图 2－2－1 所示、配筋图如图 2－2－2 所示，图中给出了钢筋表。

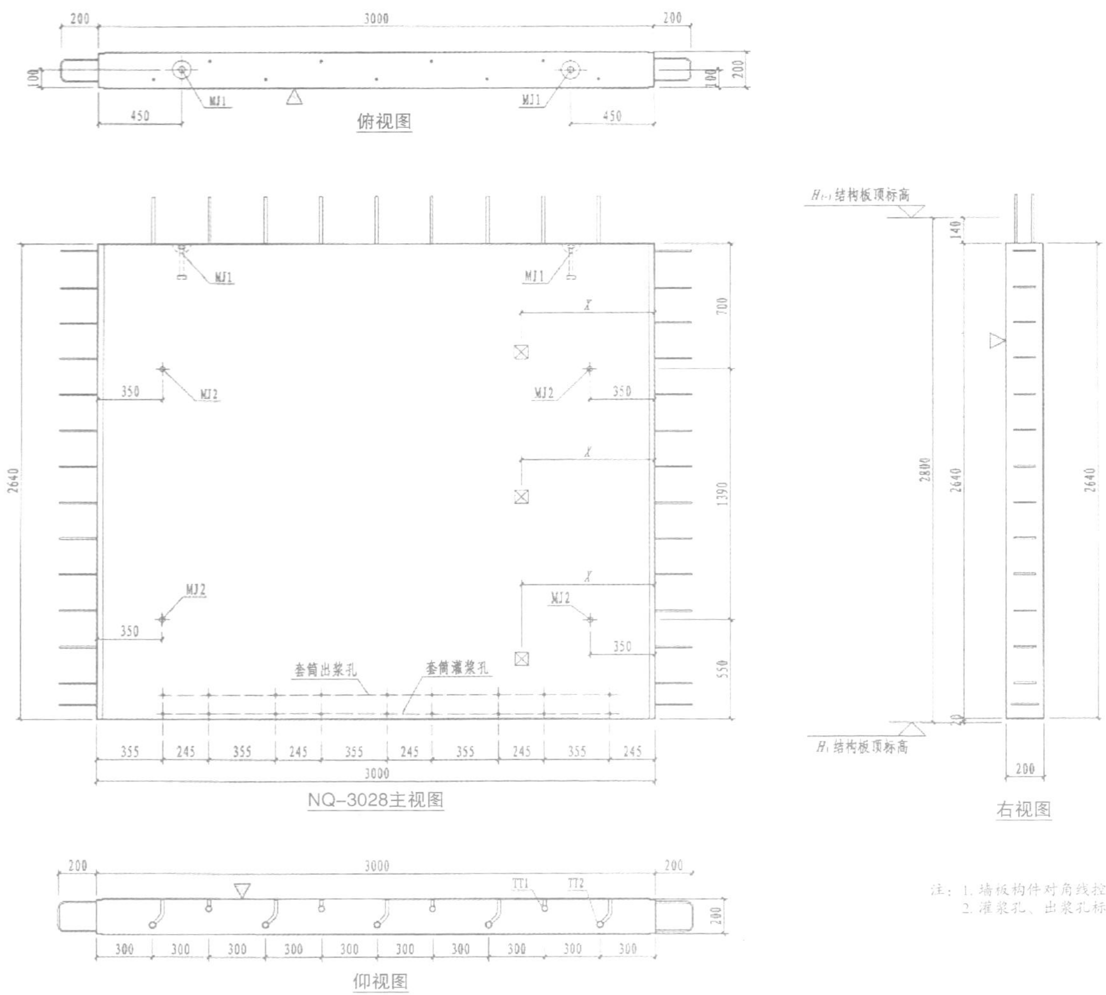

预埋配件明细表			
编号	名称	数量	备注
MJ1	吊件	2	可选件 详见第181页
MJ2	临时支撑预埋螺母	4	
TT1/TT2	套筒组件	4/5	详见第181页

预埋线盒位置选用	
位置	中心距边距X/X′(mm)
高区	X=150、450、2550、2850
中区	
低区	X=150、450、750、1050、1350、1650、1950、2250、2550、2850

俯视图

NQ-3028主视图

套筒出浆孔

套筒灌浆孔

右视图

H_{i+1}结构板顶标高

H_i结构板顶标高

仰视图

注：1. 墙板构件对角线控制尺寸为3996 mm

2. 灌浆孔、出浆孔标高见第181页灌浆套筒详图

图2-2-1　NQ-3028 模板图

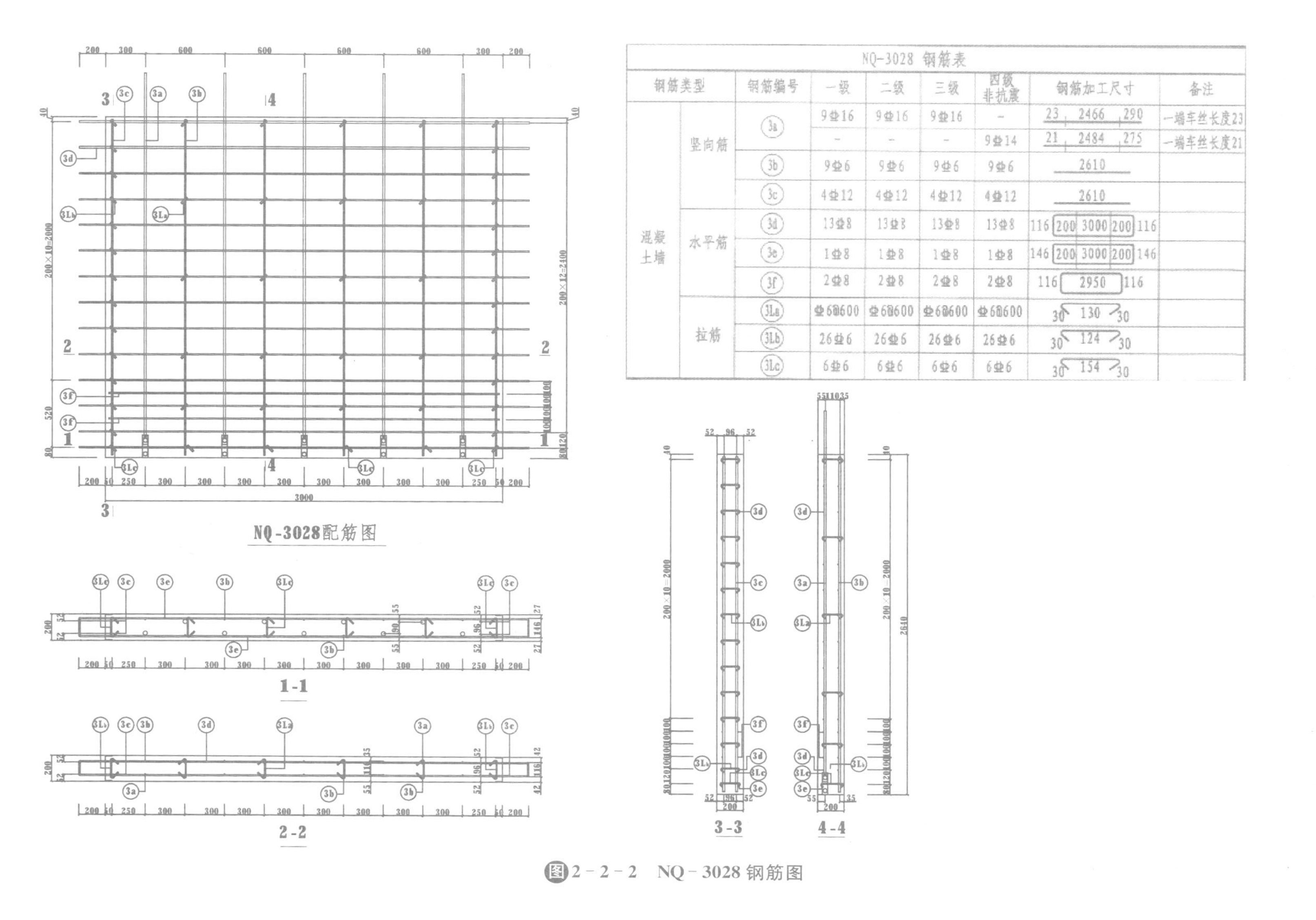

NQ-3028 钢筋表

钢筋类型		钢筋编号	一级	二级	三级	四级非抗震	钢筋加工尺寸	备注
混凝土墙	竖向筋	3a	9⌀16	9⌀16	9⌀16	-	23 2466 290	一端车丝长度23
			-	-	-	9⌀14	21 2484 275	一端车丝长度21
		3b	9⌀6	9⌀6	9⌀6	9⌀6	2610	
		3c	4⌀12	4⌀12	4⌀12	4⌀12	2610	
	水平筋	3d	13⌀8	13⌀8	13⌀8	13⌀8	116 200 3000 200 116	
		3e	1⌀8	1⌀8	1⌀8	1⌀8	146 200 3000 200 146	
		3f	2⌀8	2⌀8	2⌀8	2⌀8	116 2950 116	
	拉筋	3La	⌀6@600	⌀6@600	⌀6@600	⌀6@600	30 130 30	
		3Lb	26⌀6	26⌀6	26⌀6	26⌀6	30 124 30	
		3Lc	6⌀6	6⌀6	6⌀6	6⌀6	30 154 30	

图2-2-2　NQ-3028钢筋图

NQ－3028 代表什么含义？如何由编号确定剪力墙的尺寸？

图集 15G365－2 第 5 页给出了 4 种预制内墙板规格和编号，见表 2－2－2，示例见表 2－2－3。

表 2－2－2　预制内墙板编号表

墙板类型	示意图	编　号
无洞口外墙		NQ－××－×× 无洞口内墙　标志宽度　层高
固定门垛内墙		NQM1－×× ××－×× ×× 一门洞内墙固定门垛　标志宽度　层高　门宽　门高
中间门洞内墙		NQM2－×× ××－×× ×× 一门洞内墙中间门洞　标志宽度　层高　门宽　门高
刀把内墙		NQM3－×× ××－×× ×× 一门洞内墙刀把内墙　标志宽度　层高　门宽　门高

表 2－2－3　内叶墙板编号示例

墙板类型	示意图	编　号	标志宽度	层　高	门　宽	门　高
无洞口外墙		NQ－2128	2 100	2 800	—	—
固定门垛内墙		NQM1－3028－0921	3 000	2 800	900	2 100
中间门洞内墙		NQM2－3029－1022	3 000	2 900	1 000	2 200
刀把内墙		NQM3－3330－1022	3 300	3 000	1 000	2 200

图集第 8 页给出了 NQ 索引图，包括 NQ 示意图、NQ 选用表和节点做法详图，如图 2－2－3和表 2－2－4 所示。

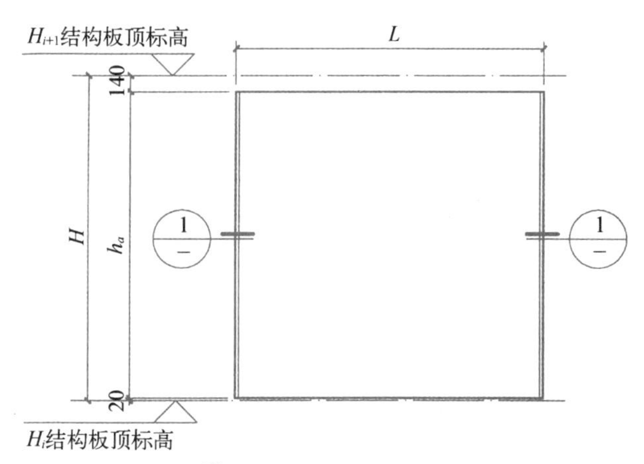

图2-2-3　NQ示意图

表2-2-4　NQ选用表

层高 H(nm)	墙板编号	标志宽度 L(mm)	h_q(mm)	墙板详图	墙板重量(kg)
2800	NQ-1828	1800	2640	第10～11页	2376
	NQ-2128	2100	2640	第12～13页	2772
	NQ-2428	2400	2640	第14～15页	3168
	NQ-2728	2700	2640	第16～17页	3564
	NQ-3028	3000	2640	第18～19页	3960
	NQ-3328	3300	2640	第20～21页	4356
	NQ-3628	3600	2640	第22～23页	4752
2900	NQ-1829	1800	2740	第24～25页	2466
	NQ-2129	2100	2740	第26～27页	2877
	NQ-2429	2400	2740	第28～29页	3288
	NQ-2729	2700	2740	第30～31页	3699
	NQ-3029	3000	2740	第32～33页	4110
	NQ-3329	3300	2740	第34～35页	4521
	NQ-3629	3600	2740	第36～37页	4932
3000	NQ-1830	1800	2840	第38～39页	2556
	NQ-2130	2100	2840	第40～41页	2982
	NQ-2430	2400	2840	第42～43页	3408
	NQ-2730	2700	2840	第44～45页	3834
	NQ-3030	3000	2840	第46～47页	4260
	NQ-3330	3300	2840	第48～49页	4686
	NO-3630	3600	2840	第50～51页	5112

从 NQ 选用表中查 NQ－3028 标志宽度 3000，mm，高度 2640 mm，重量 3960 kg。对比 NQ 示意图和图 2－2－1 模板图，NQ－3028 实际宽度为 3000 mm，实际高度为 2640 mm，高度方向比层高 2800 mm 少 160 mm。查阅图集 179 页预制内墙板水平后浇带连接节点，如图 2－2－4 所示。预制内墙板底部比下一层楼层板顶面高 20 mm，用于灌浆连接；顶部比上一层楼层板顶面低 140 mm，通过后浇混凝土现浇与叠合板现浇成整体。预制内墙板厚 200 mm。

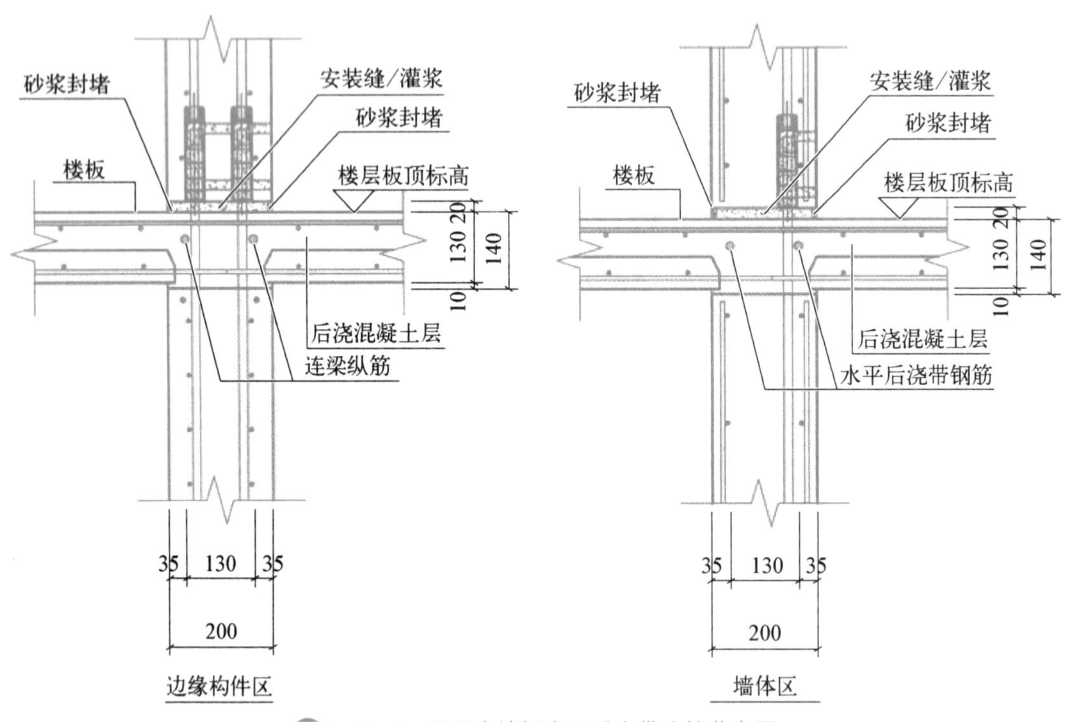

图 2－2－4　预制内墙板水平后浇带连接节点图

2. 材料准备

(1) 混凝土

表 2－2－5　混凝土各组成原材料用量表

工程名称：

构件编号		规格	NQ－3028	净尺寸	
砼标号	C30	砼体积(m^3)		水泥品种	
实验室配合比					
砂含水率		石子含水率			
施工配合比					
每 m^3 混凝土各组成材料用量(kg)					
水泥		砂子		石子	
水					

设计同预制混凝土剪力墙外墙板生产，见 2.1.2 节。

(2) 钢筋

表 2-2-6　钢筋选用单

工程名称：

构件编号		规格	NQ-3028	数量	
钢筋型号(一块剪力墙)					
钢筋级别			重量		
钢筋级别			重量		
钢筋级别			重量		
钢筋下料单(一块剪力墙)					

NQ-3028 的具体配筋可以查图 2-2-2，由图中钢筋表查询到，包括竖向筋、水平筋、和拉筋。

表 2-2-7　NQ-3028 钢筋表

钢筋类型		钢筋编号	一　级	二　级	三　级	四级非抗震	钢筋加工尺寸	备　注
混凝土墙	竖向筋	3a	9Φ16	9Φ16	9Φ16	—	23 2466 290	一端车丝长度 23
			—	—	—	9Φ14	21 2484 275	一端车丝长度 21
		3b	9Φ6	9Φ6	9Φ6	9Φ6	2610	
		3c	4Φ12	4Φ12	4Φ12	4Φ12	2610	
	水平筋	3d	13Φ8	13Φ8	13Φ8	13Φ8	116 200 3000 200 116	
		3e	1Φ8	1Φ8	1Φ8	1Φ8	146 200 3000 200 146	
		3f	2Φ8	2Φ8	2Φ8	2Φ8	116 2950 116	
	拉筋	3La	Φ6@600	Φ6@600	Φ6@600	Φ6@600	30 130 30	
		3Lb	26Φ6	26Φ6	26Φ6	26Φ6	30 124 30	
		3Lc	6Φ6	6Φ6	6Φ6	6Φ6	30 154 30	

查阅配筋图，沿宽度方向，距离墙板边 50 mm 放第一根竖向筋 3c，两边不出墙。结合 1-1 和 3-3 剖面，沿墙厚方向 3c 钢筋距离墙板边 52 mm，间隔 96 mm 再放置一根 3c，每边 2 根，共 4 根，三级抗震，4Φ12。水平筋放在外面，竖向筋放在里面。钢筋加工尺寸 2610，长度 2640－15－15＝2610 mm。

图 2-2-1 模板图仰视图和图 2-2-2 配筋图 4-4 剖面所示，剪力墙竖向钢筋通过半灌浆套筒连接(见图 2-1-14)，每排钢筋各一根连接一根，近灌浆面采用 TT1、远灌浆面采用 TT2 套筒组件(见图 2-1-22)。距离 3c 竖向钢筋 250 mm 放置第一根竖向钢筋 3a(远灌浆面，钢筋与套筒 TT2 连接)和 3b(近灌浆面，钢筋不与套筒连接)，间隔 300 mm 放置竖向钢筋 3b(远灌浆面)和 3a(近灌浆面)，每间隔 300 mm 依次交替放置。远灌浆面，从第一根竖向钢筋 3a 开始，每隔 300 mm，依次放置 3a，3b，3a，3b，3a，3b，3a，3b，3a，最后距离 250 mm放 3c；近灌浆面，从第一根竖向钢筋 3b 开始，每隔 300 mm，依次放置 3b，3a，3b，3a，3b，3a，3b，3a，3b，最后距离 250 mm 放 3c。4-4 剖面所示，3a 距离墙边 55 mm，3b 距离墙边 35 mm。

3a 共 9 根，板顶端出剪力墙面，9 Φ 16。钢筋加工尺寸 23 2466 290(见图 2-1-13，与套筒连接一端车丝 23 mm)，长度 23+2466+290=2799 mm。

3b 共 9 根，不出剪力墙，9 Φ 6。钢筋加工尺寸 2610，长度 2610 mm。

沿墙板高度方向，放置水平筋。距离板底边 80 mm 放置第一根水平筋 3e，间隔 120 mm 放置第二根水平筋 3d，然后每隔 200 mm 放置一根 3d，最后一根距离板顶边 40 mm，3e、3d 两端出剪力墙面。距离第一根 3d 水平筋 100 mm 放置水平筋 3f，然后间隔 200 mm 再放置一根 3f，不出墙面。

水平筋 3e：钢筋加工尺寸 146 200 3000 200 146(见图 2-1-15)，Φ 8，1 根，长度 146×2+200×4+3000×2=7092 mm。

水平筋 3d：钢筋加工尺寸 116 200 3000 200 116，Φ 8，13 根，长度 116×2+200×4+3000×2=7032 mm。

水平筋 3f：钢筋加工尺寸 116 2950 116，Φ 8，2 根，长度 116×2+2950×2=6132 mm。

拉筋 3Lc：水平筋 3e 和竖向筋 3c、3b 交叉点设置拉筋 3Lc(见图 2-1-16)，6 Φ 6，钢筋加工尺寸 30 154 30，长度 30+154+30=214 mm。

拉筋 3Lb：竖向筋 3c 和水平筋 3d、3e 交叉点设置拉筋 3Lb，26 Φ 6，钢筋加工尺寸 30 124 30，长度 30+124+30=184 mm。

拉筋 3La：竖向筋 3b 与水平筋 3d 交叉点设置拉筋 3La，Φ 6@600，每隔 600 mm 放置一根，30 根，钢筋加工尺寸 30 130 30，长度 30+130+30=190 mm。

(3) 预埋件

图 2-2-1 模板图中预埋配件明细表给出了具体预埋件信息，具体同 2.1.2 节相关内容。

3. 模具准备

模具进场完成验收，见 2.1.2 节。

2.2.3 生产工艺

1. 清理模台、模具

图2-2-5　清理模具

2. 组装模具、刷脱模剂

图2-2-6　组装模具

3. 绑扎钢筋

图2-2-7　绑扎钢筋

4. 安装预埋件

图2-2-8 安装预埋件

5. 隐蔽工程验收

6. 浇筑混凝土

图2-2-9 浇筑混凝土

7. 养护、拆模、起吊

图2-2-10 养护、拆模、起吊

2.2.4　质量检测

详见 2.1.4。

2.2.5　小　结

本节基于预制混凝土剪力墙外墙板生产过程的分析，以工程实际预制混凝土剪力墙外墙板的生产过程为主线，对预制混凝土剪力墙外墙板的生产准备、生产工艺和质量标准进行了介绍。通过学习，你将能够根据实际工程对预制混凝土剪力墙外墙板生产进行生产准备，根据施工图、相关标准图集等资料制定生产方案，在生产现场进行安全、技术、质量管理控制，正确使用检测工具对生产质量进行检查验收。

项目小结

本项目基于装配式混凝土剪力墙结构主要构件生产过程的分析，以工程实际预制构件的生产过程为主线，分别对预制混凝土剪力墙外墙板和内墙板的生产准备、生产工艺和质量标准进行了介绍。通过学习，你将能够根据实际工程进行预制混凝土剪力墙外墙板和内墙板生产的生产准备，根据施工图、相关标准图集等资料制定生产方案，在生产现场进行安全、技术、质量管理控制，正确使用检测工具对生产质量进行检查验收。

项目三

预制构件的运输与存储

◆ 知识目标

(1) 掌握预制混凝土构件的运输方式;

(2) 掌握预制混凝土构件的存储方式。

◆ 能力目标

(1) 能根据预制混凝土构件的种类选择运输方式;

(2) 能根据预制混凝土构件的种类选择存储方式。

任务一 预制构件的运输

学习目标

通过本任务的学习,主要掌握:

预制混凝土构件的运输方式。

3.1.1 厂内运输

预制构件厂内运输方式由工厂工艺设计确定。车间起重机范围内的短距离运输,可用起重机直接运输。车间起重机与室外龙门吊可以衔接时,可用起重机运输。

如果运输距离较长,或车间起重机与室外龙门吊作业范围不衔接时,可采用预制构件转运车进行运输。

预制构件在转运过程中,应采取必要的固定措施,运行平稳,防止构件损伤。

3.1.2 运输路线规划

预制构件出厂前,预制构件工厂发货负责人与运输负责人应根据发货目的地勘察、规划运输路线,测算运输距离,尤其是运输路线所经过的桥梁、涵洞、隧道等路况要确保运输车辆能够正常通行。有条件的工厂可以先安排车辆进行试跑,实地勘察验证,确保运输车辆的无障碍通过。

运输路线宜合理选择 2～3 条,1 条作为常用路线,其他路线作为备选路线。运输时综合考虑天气、路况等实际情况,合理选择运输路线。预制构件运输时,应严格遵守国家和地方道路交通管理规定的要求，减少噪音污染，做到不扰民、不影响周围居民的休息。

3.1.3　装卸设备与运输车辆

在预制构件出厂前，发货员应根据发货单的内容提前进行运输排布，并选择合适的运输车辆。预制构件工厂应对运输车辆提前进行检查或检修，确保运输车辆的安全性，避免在运输过程中出现安全隐患。运输车辆常采用 9.6 m 和 17 m 的预制构件专用运输车。

图3-1-1　运输车辆

装卸设备可以是门吊、桥吊或汽车吊。起重设备、吊具应与构件重量相匹配，保证装卸设备及构件安全。在装卸过程中，应对预制构件成品进行保护，避免预制构件在装卸过程中的破坏。

3.1.4　运输放置方式

预制构件在运输过程中应使用托架、靠放架、插放架等专业运输架，避免在运输过程中出现倾斜、滑移、磕碰等安全隐患，同时也防止预制构件损坏。

应根据不同种类预制构件的特点采用不同的运输方式，托架、靠放架、插放架应进行专门设计，进行强度、稳定性和刚度验算：

(1) 墙板类构件宜采用竖向立式放置运输，外墙板饰面层应朝外；预制梁、叠合板、预制楼梯、预制阳台板宜采用水平放置运输；预制柱可采用水平放置运输，当采用竖向立式放置运输时应采取防止倾覆措施；

(2) 采用靠放架立式运输时，构件与地面倾斜角度宜大于 80°，构件应对称靠放，每侧不宜大于 2 层，构件层间宜采用木垫块隔离；

(3) 采用插放架直立运输时，构件之间应设置隔离垫块，构件之间以及构件与插放架之间应可靠固定，防止构件因滑移、失稳造成的安全事故；

图3-1-2　墙板装车

(4) 水平运输时，预制梁、预制柱构件叠放不宜超过 2 层，板类构件叠放不宜超过 6 层。

图3-1-3　墙板运输

图3-1-4　叠合板运输

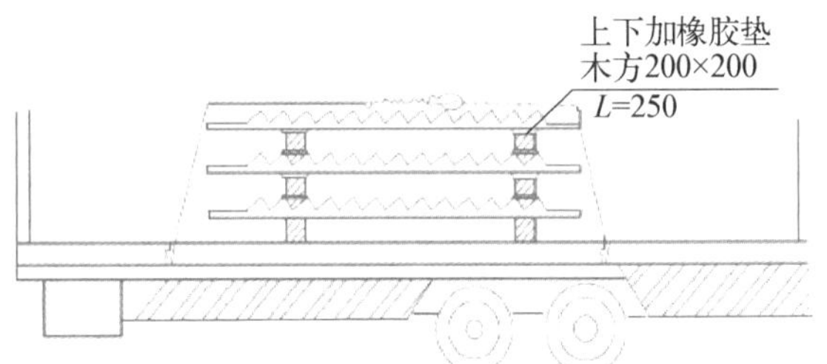

图3-1-5　预制楼梯运输

图3-1-6　墙板运输架

3.1.5　装车状况检查

预制构件装卸过程中应保证车体平衡，运输过程中应使用专业运输架、构件固定牢固，并采取防止构件滑动、倾倒的安全措施和成品保护措施。

预制构件运输安全和成品保护应符合下列规定：

(1) 应根据预制构件种类采取可靠的固定措施。

(2) 对于超高、超宽、形状特殊的大型预制构件的运输应制定专门的质量安全保证措施。

(3) 运输时宜采取如下防护措施：

① 设置柔性垫片避免预制构件边角部位或链索接触处的混凝土损伤；
② 用适当材料包裹垫块避免预制构件外观污染；
③ 墙板门窗框、装饰表面和棱角采用塑料贴膜或其他措施防护；
④ 竖向薄壁构件、门洞设置临时防护支架；
⑤ 装箱运输时，箱内四周采用木材或柔性垫片填实，支撑牢固；
⑥ 装饰一体化和保温一体化的构件有防止污染措施；
⑦ 不超载。

(4) 构件应固定牢固，有可能移动的空间用柔性材料隔垫，保证车辆转弯、刹车、上坡、颠簸时构件不移动、不倾倒、不磕碰。

3.1.6　运输交付资料

预制构件交付时的产品质量证明文件应包括以下内容：
(1) 出厂合格证；
(2) 混凝土强度检验报告；
(3) 钢筋连接工艺检验报告；
(4) 合同要求的其他质量证明文件。

3.1.7　小　结

本节主要介绍了预制混凝土构件的运输方式和装车检查内容。通过学习，你将能够对预制混凝土构件进行装车运输离场。

任务二　预制构件的存储

学习目标

通过本任务的学习，主要掌握：
预制混凝土构件的存储方式。

3.2.1　存储场地

预制构件的堆放场地应符合下列规定：

(1) 堆放场地应平整、坚实，宜为混凝土硬化地面或经人工处理的自然地坪，满足平整度和地基承载力要求，并应有良好的排水措施；

(2) 堆放场地应满足大型运输车辆的装车和运输要求；存放间距应满足运输车辆的通行要求；

(3) 堆放场地应在起重机可以覆盖的范围内；

(4) 预制构件堆放应按工程名称、构件类型、出厂日期等进行分区管理，并宜采用信息化方式进行管理。

3.2.2 存储方式

预制构件脱模后，一般要经过质量检查、外观整理、场地存放、运输等多个环节，构件支承点数量、位置、存放层数应满足设计要求。预制构件的存储方式应保证不受损伤。如果设计没有给出存储方式要求，工厂应制定存储方案。

具体要求如下：

(1) 预制构件存放方式和安全质量保证措施应符合设计要求；

(2) 预制构件入库前和存放过程中应做好安全和质量防护；

(3) 应合理设置垫块支承点位置，确保预制构件存放稳定，支点宜与起吊点位置一致；

(4) 预制构件多层叠放时，每层构件间的垫块应上下对齐。

3.2.3 预制构件支承

预制构件堆放时必须按照构件设计图纸的要求设置支承的位置与方式。预制构件支承应符合下列规定：

(1) 合理设置垫块支点位置，预制构件支垫应坚实，垫块在预制构件下的位置宜与脱模、吊装时的起吊位置一致，确保预制构件存放稳定；

(2) 预制构件与刚性搁置点之间应设置柔性垫片，预埋吊件应朝上放置，标识应向外、宜朝向堆垛间的通道；

(3) 重叠堆放构件时，每层构件间的垫块应上下对齐，堆垛层数应根据构件、垫块的承载力确定，并应根据需要采取防止堆垛倾覆的措施；

(4) 与清水混凝土面接触的垫块应采取防污染措施；

(5) 堆放预应力构件时，应根据预制构件起拱值的大小和堆放时间采取相应措施。

3.2.4 构件堆放要求

预制构件堆放的要求应符合下列规定：

(1) 按照产品名称、规格型号、检验状态分类存放，产品标识应明确、耐久，预埋吊件应朝上，标识应向外；

(2) 预制楼板、叠合板、阳台板和空调板等构件宜平放，宜采用专门的存放架支撑，叠放层数不宜超过 6 层；长期存放时，应采取措施控制预应力构件起拱值和叠合板翘曲变形；

(3) 预制柱、叠合梁等细长构件宜平放且用两条垫木支撑；

(4) 预制内、外墙板、挂板宜采用插放架直立存放，支架应有足够的强度和刚度，薄弱构件、构件薄弱部位和门窗洞口应采取防止变形开裂的临时加固措施；

(5) 预制楼梯宜采用水平叠放，不宜超过 4 层。

3.2.5 存储注意事项

预制构件存储方法有平放和竖放两种方法，原则上墙板采用竖放方式，叠合板和预制柱构件采用平放或竖放方式，叠合梁构件采用平放方式。

平放的注意事项：

（1）预制柱、叠合梁等细长构件宜平放且用两条垫木支撑；

（2）预制楼板、叠合板、阳台板和空调板等构件宜平放，叠放层数不宜超过 6 层；长期存放时，应采取措施控制预应力构件起拱值和叠合板翘曲变形；

（3）楼梯可采用水平叠层存放。

竖放的注意事项：

（1）预制内外墙板、挂板宜采用专用支架直立存放，支架应有足够的强度和刚度，构件上部宜采用两点支撑，下部应支垫稳固，薄弱构件、构件薄弱部位和门窗洞口应采取防止变形开裂的临时加固措施；

（2）带飘窗的墙体应设有支架立式存放；

（3）装饰化一体构件要采用专门的存放架存放。

3.2.6 存储示例

1. 叠合梁堆放

图3－2－1 叠合梁堆放

2. 预制柱堆放

图3-2-2　预制柱堆放

3. 叠合板堆放

图3-2-3　叠合板存放

图3-2-4　叠合板立体存放

4. 预制墙板堆放

图3-2-5　墙板存放

5. 预制楼梯堆放

图3-2-6　预制楼梯存放

6. 预制阳台堆放

图3-2-7　预制阳台堆放

3.2.7　小　结

本节主要介绍了预制混凝土构件的存储方式。通过学习,你将能够对预制混凝土构件选择存储方式。

项目小结

本项目主要介绍了预制混凝土构件的运输方式和存储方式。通过学习,能根据预制混凝土构件的种类选择运输方式和存储方式。

思考题

1. 预制构件的存放有哪些要求?
2. 预制构件的运输有哪些要求?

参考文献

[1] JGJ 1—2014 装配式混凝土结构技术规程[S].北京:中国建筑工业出版社,2014.

[2] GB 50204—2015 混凝土结构工程施工质量验收规范[S].北京:中国建筑工业出版社,2015.

[3] JGJ 355—2015 钢筋套筒灌浆连接应用技术规程[S].北京:中国建筑工业出版社,2015.

[4] 15G366-1 桁架钢筋混凝土叠合板(60 mm 厚底板)[S].北京:中国计划出版社,2015.

[5] 15G367-1 预制钢筋混凝土板式楼梯[S].北京:中国计划出版社,2015.

[6] 15G365-1 预制混凝土剪力墙外墙板[S].北京:中国计划出版社,2015.

[7] 15G365-2 预制混凝土剪力墙内墙板[S].北京:中国计划出版社,2015.

[8] 15J939-1 装配式混凝土结构住宅建筑设计示例(剪力墙结构)[S].北京:中国计划出版社,2015.

[9] 15G368-1 预制钢筋混凝土阳台板、空调板及女儿墙[S].北京:中国计划出版社,2015.

[10] GB/T 51231—2016 装配式混凝土建筑技术标准[S].北京:中国建筑工业出版社,2015.

[11] 江苏省工业化建筑技术导则(装配整体式混凝土建筑).

[12] 肖明和,苏洁.装配式建筑混凝土构件生产[M].北京:中国建筑工业出版社,2018.

[13] 刘美霞,赵研.装配式建筑预制混凝土构件生产与管理[M].北京:北京理工大学出版社,2020.

[14] 王光炎,吴琳. 装配式建筑混凝土构件深化设计[M].北京:中国建筑工业出版社,2020.

[15] 陈鹏,叶财华,姜荣斌. 装配式混凝土建筑识图与构造[M].北京:机械工业出版社,2020.

[16] 纪明香,杨道宇,马川峰. 装配式混凝土预制构件制作与运输[M].天津:天津大学出版社,2020.